섬살이, 섬밥상

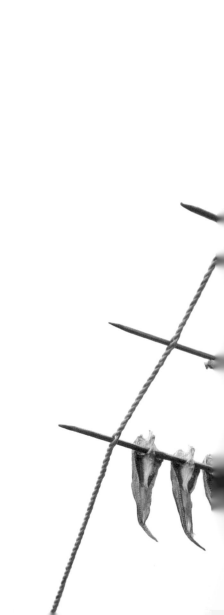

섬
살이,
섬
밥상

갯내음 찾아 떠나는 바다 맛 여행

김준 지음

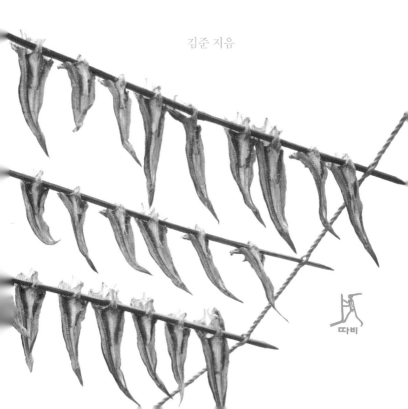

따비

그의 섬살이 기록은
조곤조곤 들려주는 시다

　　　　　　내가 섬을 다니면서 시를 쓰기 시작한 지 80년쯤 된 것 같다. "바다가 보이면 됐어."라고 외치며 다녔다. 섬은 바다로 둘러싸인 육지다. 하지만 섬만 보았지 바다를 제대로 볼 생각을 하지 못했다. 김준 박사는 늘 바다를 보아야 진짜 섬이 보인다고 했다. 섬을 바다에서 보고자 했다. 그렇게 바다를 보고 섬을 만나는 섬벗으로 10여 년, 짧지 않은 시간이었지만 그는 만날 때마다 한결같았다. 섬을 보는 눈, 섬사람을 찾는 마음에 늘 배려가 깃들어 있었다. 사소한 것에서 섬살이의 지혜를 찾고, 물때와 갯벌을 보고 바다에 사는 생물들과 이야기를 나누기도 했다.

그래서 나는 그를 '섬박사'라 부른다. 그냥 듣기 좋으라고 하는 소리가 아니다. 그는 나를 대학총장이라 한다. 그는 정말 많은 섬을 다녔고, 지금도 기록을 남기고 있다. 그리고 누구도 흉내내기 어려운 '섬문화 답사기'를 쓰고 있다. 그는 정말 섬박사다. 우리는 우이도에서 꽤 많은 이야기를 나누었다. 돈목해변을 맨발로 걸으면서, 민박집 안주인이 만들어준 밥상을 사이에 두고 막걸리 한 잔을 나누면서, 끝도 없이 섬의 이야기를 했다. 배를 타고 오면서부터 이야기는 시작되었다. 섬에 가지 못하는 날이면 수요일 집으로 배달되는 신문에서 그를 만난다. 그의 칼럼을 오려서 밑줄을 그으며 읽었다. 그사이 나는 섬에 있었다. 섬마을 골목을 거닐고, 해변을 배회했다. 그러다 어느 섬집 마루에 걸터 앉아 밥상을 마주하며 이야기를 나누고 있었다.

나는 시를 쓰고 그는 삶을 기록했다. 그의 글에는 섬 사랑이 가득하다. 그의 섬살이 기록은 조곤조곤 들려주는 시다.《섬살이, 섬밥상》은 혀끝 미각을 자극하는 것이 아니라 도시민의 마음을 움직이는 심상을 쓰고 있다. 이 책은 섬의 가치를 전하는 섬밥상이다.

섬시인 이생진(《그리운 바다 성산포》저자)

섬의 가치로
섬밥상을 차리다

30여 년 동안 섬을 기웃거리는 동안 주민들과 겸상을 했던 기억이 제법 많다. 물론 식당이 아니라 섬집에서 이루어진 일들이다. 지금도 밥 먹을 식당을 찾기 어려운 섬이 많다. 예전에는 더 말할 것도 없었다. 대신에 이야기를 나누다 때가 되면 거리낌 없이 밥상에 초대했다. 그 밥상머리에서 주고받은 대화는 무엇보다 더 진솔하고 깊었다. 그렇게 겸상을 하고나면 이제 나그네와 주인이 아니라 가족과 같아진다. 그런 섬은 더 자주 방문하게 되고, 비가 많이 오거나 태풍이 오거나 가뭄이 심할 때면 전화를 하게 된다. 그 섬소식을 방송에서 듣게 되면 귀를 쫑긋한다.

누구에게나 특별하게 기억나는 장소가 있다. 나에게 특별한 섬은 경치가 좋은 곳, 관광하기 좋은 곳이 아니다. 그렇게 밥상머리에서 섬주민과 겸상을 한 섬이다. 나만의 특별한 섬은 그 바다에서 나는 해산물과 그 섬에서 나는 농산물에 각별한 애정을 가질 때 가질 수 있다. 섬 사람들이 가장 행복한 순간은 자신이 지은 농산물이나 바다나 갯벌에서 건져올린 어패류에 애정을 가지고 구매해 주는 소비자가 있을 때다. 또한, 그것은 주민들의 경제생활에 큰 도움이 된다.

소비자나 여행객이 섬에 애정을 갖기 위해서는 섬에서 짓는 농사든 바다에서 이루어지는 어업이나 양식이든 그 과정을 알면 좋다. 그러면 섬을 보는 시선이 달라진다. 그 과정에서 섬살이의 오래된 미래를 확인하는 순간 섬 여행은 특별해진다. 여행객들이 다시 가고 싶은 섬은, 섬 주민들이 살고 싶은 섬은 이렇게 공감과 배려로 만들어진다. 그래서 섬을 이렇게 저렇게 파헤치며 바꾸는 것보다 사람을 바꾸어야 한다. 섬을 보는 시선을 바꾸어야 한다.

이번 글들은 그런 목적으로 쓰기 시작했다. '무엇이

섬살이의 속살을 잘 보여줄까?' 찾던 중 발견한 것이 섬 밥상이었다. 누구나 매일 받는 밥상에서 섬살이의 지혜를 알게 된다면 그 섬과 바다는 특별할 수밖에 없을 것이다. 이러한 생각을 더욱 굳힌 것은 슬로푸드와 인연을 맺기 시작하면서다. 국제슬로푸드 한국협회를 이끌고 있는 김종덕 회장의 권유로 시작된 슬로피시 운동의 슬로건인 '지속 가능한 어업과 책임 있는 수산물 소비'는 평소 필자가 지향하고 주목해온 갯살림이나 섬살이의 가치와 같다. 슬로푸드가 지향하는 가치인 '좋고 깨끗하며 공정한' 바다음식을 밥상에 올리기 위해서는 어민뿐만 아니라 소비자 역시 공동생산자가 되어야 한다. 이 책이 그 가치를 실현하는 데, 도시민이나 여행자가 섬과 바다를 보는 시선을 조금이나마 바꾸는 데, 그리고 섬을 대상이 아니라 주체로 바라보는 데 도움이 되었으면 한다. 섬도 자기 권리를 가지고 있다. 바다로 둘러싸인 섬, 숲이 있는 섬, 주민들이 행복하게 살아가는 섬이 바로 지켜야 할 섬의 모습이다. 이 책이 섬 음식과 맛을 이야기하지만 결코 먹는 이야기가 아닌 까닭이다. 섬 인문학을 바다 맛으로 풀어보고자 했다.

끝으로 이 글을 쓰는 데 계기를 마련해준 조선일보

와 김성윤 음식전문기자에게 깊은 감사를 드린다. 늘 곁에서 응원하는 별아, 푸른, 바다, 보리와 아내에게 고맙고 감사하다. 정년퇴직을 하고서 다시 학교에 연을 두고 현지조사와 논문을 쓸 수 있게 된 것도 큰 행운이다. 모두 바다와 섬, 어촌과 어민이 있었기에 가능한 일이다. 이들에게 진심으로 감사하다. 늘 좋은 책을 기획하고 출판하는 따비를 응원한다.

차례

추천사 ― **그의 섬살이 기록은 조곤조곤 들려주는 시다** 4

책을 내며 ― **섬의 가치로 섬밥상을 차리다** 6

~~~~ 서해 ~~~~

강화 · 옹진

후포 밴댕이회―부드럽고 달콤한 이 맛에 제철 산지를 찾을 수밖에 ◐○ 20

대청도 홍어―참홍어, 삭히지 않은 싱싱한 맛 ○ 24

백령도 냉면―허기와 고향생각을 달래는 차가운 냉면, 뜨거운 면수 28

백령도 놀래미찜―값은 헐하지만 귀한, 생태관광지에 서식하는 어류 31

+ **점박이물범의 날** 34

장봉도 상합탕―'으뜸 조개' 백합을 맛보되, 갯벌 파헤치는 일은 삼가주시기를 36

장봉도 소라비빔밥―국내외에서 인정한 건강한 섬, 전복보다 맛있다는 소라 39

+ **연평도 꽃게잡이** 42

제철 표시 ― 봄 ◐ 여름 ○ 가을 ◑ 겨울 ●

태안·보령·서천

안면도 대하장―먼 길 떠나는 사람에게 꼭 챙겨 먹일 음식 ◐ 46

우럭젓국―산 자에게도 망자에게도 통하는 신통방통한 깊은 맛 ○ 50

삽시도 바지락칼국수
―국물이 시원하지 않으면 오히려 이상한, 푸드 마일리지 제로의 맛 53

벌벌이묵―겨울이 제철인 박대껍질로 만든 묵 56

장항 붕장어구이―정성 가득한 손질에 굽기 딱 좋은 양념을 더한 맛 59

군산

박대구이―군산 사람들은 박대가 아니면 관심이 없다 ● 62

째보선창 반지회비빔밥―성질은 급하지만, 부드럽고 달콤한 살맛 ◐○ 65

+ 고군산군도 시어머니 갯벌 68

+ 서해와 남해의 만남, 양태미역국 ◑ 70

부안·고창

곰소 젓갈백반―갯벌의 어패류와 천일염이 만들어낸 밥도둑 한 상 74

백합죽―이제는 사라진, 그리운 새만금갯벌의 맛 77

만돌마을 뻘밥―김발 포자 붙이기 날 먹은 망둑어전 80

+ 만돌마을 김농사철 84

심원 동죽김치찌개
―세계자연유산 갯벌이 내준 동죽의 묵직하고 강한 감칠맛 86

+ 물총칼국수 단상 90

영광

칠산바다 유월병어─부드럽고 고소한 그 맛, 괜히 버터피시가 아니다 ○ 92

물걸이무침─김장보다 더 기다려지는 생새우무침의 맛 ◑ 96

염산포구 중하젓─말린 중하는 조미에 최고, 중하젓은 씹는 맛까지 더해 ◑ 100

새우젓호박잎쌈─입맛 없는 여름철, 간편하게 밥맛 돋우는 최고의 밥상 ○ 103

송이도 가을밥상─맛도 재미도 행복도 가득한 맛등 체험과 밥상 108

신안

가거도 삿갓조개탕─국물이 그리워질 때 찾는 시원함의 절정 ◑ 112

화도 장어탕─일 년 내내 섬살이에 보탬 되는 효자 보양식 116

우이도 돈목마을 섬밥상─대를 이어 스무 해 넘게 인연 맺어온 섬 맛과 섬사람 119

+ 소금농사꾼의 겨울 122

+ 영산도의 우선멈춤 124

무안

동숭어회─좋은 갯벌이 키운, 부드럽게 혀에 착 감기는 식감 ● 128

도리포 곱창김─고집과 정성으로 되살린 효자 상품, 살아남은 자연 132

운저리회무침과 보리밥비빔밥
─가을에 제대로 물오른 맛, 투박하니 보리밥과 어울린다 ◑ 138

운지리회─모양은 거시기해도, 제대로 갖춰 한 상 차리니 아름답다 ◑ 142

+ 갯벌낙지 맨손어업 146

목포

꽃게살비빔밥─가을 길목에 입맛 돋우는 고소하고 담백한 바다의 맛 ◑ 148

준치회무침─가시를 조심해야 하지만 달콤함에 취한다 ◑○ 152

황석어조림─조기보다 작지만 더 진하고 부드러운 그 맛 ●○ 156

진도

굴포 복탕─재료를 찾는 마음과 손맛이 어우러진, 곰국 같은 복탕과 반찬 159

뜸북국─없으면 짜잔하다는 평을 듣는, 진하디 진한 국물 ◑ 162

南海

~~~~~ 남해 ~~~~~

완도

고금도 매생이—몸도 춥고 마음도 허할 때 필요한 뜨거운 기운과 응원 ● 168
청산도 전복장—구경도 힘들었던 전복을 한아름 선물로 받아 설렜던 그날 172

장흥 · 보성

회진 된장물회—어장에서 일하다 만들어 먹던 보양식 176
벌교 가리맛조개탕
—오뉴월 조개탕은 통통하고 부드러운 조갯살이 일품인 가리맛조개로 ◐○ 180
벌교 꼬막비빔밥—이제는 보기 힘든 참꼬막, 평생 잊지 못할 맛 ●◐ 186

+ 갯벌을 누비는 '뻘배' 189

고흥

감태지—집집마다 다른 맛, 겨울이면 생각나는 맛 ● 192
굴장 가르기—굴과 소금, 불과 시간으로만 만들어낸 근원적 음식 196
첨도 바지락짓갱—봄 바지락으로 미슐랭 스타 부럽지 않은 고흥 밥상 ◐ 199
칠게간장게장
—갯벌이 사라지고 칠게도 사라지니, 인간도 도요새도 낙지도 살기 힘들다 202
취도 진석화짓—겨울 바다의 맛을 두고두고 먹으려고 만든 굴 음식 205
피굴—껍데기의 고갱이까지 오롯이 담아낸 굴 음식의 정수 208
황가오리회—이 생선에서 찰진 한우 생고기 맛은 어찌된 일인가 ○ 211

+ 서해와 남해의 주꾸미볶음 ◐ 214

순천

순천만 대갱이탕—손은 많이 가지만, '맛의 방주'에 선정된 잊어서는 안 될 맛 216
와온마을 서대감자조림
—햇감자가 더하는 감칠맛, 물 좋고 맛 좋은 계절의 맛 ○◐ 220
순천만 짱뚱어탕—서남해 여행 계획이라면 여름 보양식으로 꼭 드시기를 ○ 224

여수

거문도 삼치회—겨울철 입안에서 펼쳐지는 싱싱한 은빛 향연 ● 227

거문도 엉겅퀴된장국

—엉겅퀴의 쌉쌀한 맛, 갈치 살의 달달함이 어우러진 고향 이야기 230

군평선이구이—조기보다 귀한 대접을 받는, 느림으로 만들어진 감칠맛 ○ 234

금오도 쏨뱅이탕—가시와 독이 있지만, 그래서 오래 곁에 있어 고맙다 ●◐ 237

돌게장—볼품은 없어도 착한 가격에 꽃게장 부럽지 않은 밥도둑 240

새조개삼합—몸값 비싸지만 달콤하고 부드러운 그 맛을 놓칠 수 없다면 ●◐ 243

여자만 새조개 샤부샤부

—살짝 데친 시금치와 새조개의 달콤함, 봄을 알리는 맛 ●◐ 246

서대회무침과 서대탕—일 년 열두 달 먹어도 질리지 않는 힐링푸드 ◑ 250

서대찜—얼리고 말리고 해서 일 년 내내 먹을란다 253

붕장어탕과 구이—비싼 갯장어 아니어도 여름 보양식으로 손색이 없다 258

+ 소경도 영등시 262

+ 손죽도 화전놀이 264

남해 · 통영

멸치쌈밥—봄날 선물처럼 찾아와 허기진 이들을 달래주었던 음식 ◑ 266

견내량 돌미역—돌미역밭, 트릿대 채취어업과 미역국에 담긴 공동체의 마음 269

멍게비빔밥—봄을 듬뿍 머금은 바다의 붉은 꽃, 맛과 향을 살린 음식 ◑ 272

+ 오비도 조개농사 275

물굴젓—바로 먹으면 시원한 맛, 익으면 삭힌 맛, 그 뒤로는 새콤한 맛 ● 277

뽈래기무김치—김장김치가 떨어질 무렵, 밥상을 되살려주는 그 맛 ◐○ 280

우도 해초비빔밥—섬과 바다가 내준 제철 재료들의 향연, 맛도 값도 착하다 283

+ 사량면 별신굿과 허리 펴주는 떡 286

+ 좌도 매화 288

거제 · 창원

외포 대구탕

—적기에 적정한 방법으로 잡은 대구와 손맛으로만 끓여 더 깊고 시원한 맛 ● 290

장목항 조개탕—깊은 바다에서 잡아온 개조개의 시원함 ◐○ 294

진동 미더덕—천덕꾸러기에서 주연급 조연으로 떠오른 은은한 감칠맛 ◑ 297

부산

가덕도 봄숭어
—보리 싹이 날 때 육질이 단단하고 기름져 입맛을 사로잡는다 ◐ 300
영도 고등어해장국—국민생선 고등어로 추어탕처럼 끓인 맛이라니 303

+ 낙동강 하구 명지갯벌 308
+ 밀양한천 310

東海

~~~~~ 동해 ~~~~~

기장

대변항 멸치젓—고된 노동으로 얻은, 멸치젓에 최적화된 멸치 ◐ 316
학리마을 말미잘탕
—화려한 외모만큼 좋은 말미잘의 식감, 거기에 붕장어의 진한 육수까지 320

포항·영덕

구룡포 모리국수
—팔고 남은 생선들로 만들어 뱃사람들 허기를 달래주던 포항의 명물 324
죽도 꽁치추어탕—청어 대역으로 등장했다가 주연이 된 꽁치 327
물가자미구이—먹을 게 없다고? 구이, 조림, 식해 등 풍성한 요리에
젓가락질 소리만 달그락 달그락 330

삼척

도루묵구이—탱탱한 도루묵알과 함께 겨울에 즐기는 맛 ● 333
섭국—껍데기째 세 개만 넣어도 충분하게 우러나는 감칠맛 ◐● 336

강릉

사천 섭죽—배고픈 시절 허기를 달래주었지만 이제는 귀해진 음식 ◗● 339
장치찜—강원도 땅의 감자와 바다의 장치는 환상의 조합 ● 344
주문진 곰칫국—얼큰하고 칼칼하며 시원한 맛에 피로가 싹 가신다 ● 348

+ 동해안 가자미식해 352

고성

도루묵찌개—추운 겨울 더 깊어지는 맛, 오래 먹고 싶다 ● 354
도치알탕—못생겼지만, 바닷가 사람들의 입맛을 챙기는 효녀 물고기 ● 357
양미리구이
—연탄불 위에서 노랗게 구워지는 양미리 냄새에 식도락가들이 찾아온다 ● 362

울릉도

긴잎돌김—거칠지만 오래 씹을수록 은근한 풍미를 주는 자연산 돌김 ● 366
산채밥상—구황식품이었던 울릉도의 산채들, 풍성한 밥상의 주연들 370
손꽁치—손으로 잡은 신선한 꽁치로 만든 물회, 젓갈, 된장국, 경단 ◗ 374

+ 바다식목일 377

濟州

~~~~ 제주 ~~~~

제주 음식

각재깃국—간단한 조리법에 신선한 재료면 된다 ○ 382
객주리콩조림—입맛 떨어지는 여름 짭짤한 것이 당길 때면 꼭 한 번 ○ 385
고사리육개장—왕에게 진상했던, 산에서 나는 쇠고기 ◗ 388

멜국—상처 없이 싱싱한 멸치로 끓여 복국을 능가하는 시원한 국 ◐ 392

몸국—제주에서 특별한 돼지와 모자반, 메밀로 끓인, 특별한 날 먹는 음식 395

빙떡—척박한 땅에서 자라 든든하게 속을 채워주는 메밀로 만든 떡 398

우미냉국—우뭇가사리를 씻고 말리고 삶고 거르고 식혀 고되게 만든 음식을,
호로록 금세 먹었다 ○ 402

자리물회—더위도 겨울 감기도 이겨내는, 서귀포가 자랑하는 맛 ○ 406

조기내장탕
—조기탕보다 조기내장탕, 이제 내장탕의 으뜸은 조기내장탕 ● 409

선흘마을 가시낭칼국수
—호자나무 가시낭도 곶자왈 동백동산이 있어 가능하다 414

구좌 돗죽—신들에게 올리고 마을 주민이 함께 나누던 음식 418

우도 성게미역국
—부드럽고 고소한 한 그릇 끝에 해녀의 삶을 떠올려본다 ○ 424

성게비빔밥
—여름 제주바다의 맛, 그리고 해양 생태계를 지키는 성게 물질 ○ 428

제주 문화

고망낚시—작은 돌 틈에서 물고기를 낚는 적정기술이자 삶의 방식 432

낭쉐몰이—소 방목, 꿈앗이가 만들어낸 제주 공동체 농경문화 435

낭푼밥상 공동체—제주를 지켜온 힘, 나눔의 미학 439

신흥리 방사탑—온 마을이 화를 막으려 쌓았던 탑이 코로나도 물리쳐주기를 442

둠 먹는 날—닭으로 몸과 마음을 보하는 제주식 여름나기 445

종달리 〈해녀의 부엌〉—해녀마을에 활기를 불어넣어주는 무대 448

강화·옹진

태안

보령

서천

군산

부안

고창

영광

무안

목포

진도

후포 밴댕이회

부드럽고 달콤한 이 맛에
제철 산지를 찾을 수밖에

西海

+
인천광역시 강화군 화도면 후포 선수포구, 인천 연안부두 등지
5월~7월 제철 | 반지*, 밴댕이, 소어

* 분류학상 해당되는 명칭에는 '*' 표시를 한다

6월, 밴댕이회 맛이 좋은 계절이다. 달콤하고 부드러운 그 맛을 아는 식객들이 이 무렵 강화도를 찾는 이유다. 강화 밴댕이는 사실 멸칫과에 속하는 '반지'다. 반지는 위턱이 아래턱보다 약간 긴 반면, 청어과 밴댕이는 아래턱이 위턱보다 길고 입이 위쪽으로 열려 있어 구별된다. 하지만 지역에 따라 반지를 '밴댕이' '디포리' '고노리' '송어' '빈지럭' 등 다양하게 부르고 있다. 《표준국어대사전》에도 '소어蘇魚'를 밴댕이와 반지로 함께 풀이했다. 조선시대에는 안산에 사옹원이 관리하는 '소어소'를 두고 밴댕이를 왕실에 공급했다. 사옹원은 조선시대 궁중 음식을 맡아 보던 관아다. 그만큼 왕실에서도 중요하게 여겼다. 서유구의 어류 연구서 《난호어목지》에서는 소어를 "인천과 강화에서 가장 번성하다."고 했다. 강화도 외포나 후포, 인천 연안부두 등에서 밴댕이 회나 무침으로 내놓는 것도 반지다. 반지는 오뉴월에 옹진, 강화, 김포, 신안 등 서해 해역에서 안강망이나 건강망으로 잡는다. 안강망은 큰 닻으로 자루그물을 고정시키고, 조류를 이용해 그물 안으로 들어온 물고기를 잡는 어법이다. 건강망은 밀물과 썰물을 이용하여 어군의 퇴로를 막아 물고기를 잡는 조업 방식이다. 이 밴댕이(반지)는 작은 새우를 좋아해 젓새우를 잡으려고 쳐놓은 그물에도 들어온다. 이 무렵 그물에는 반지 말고도 황석어, 밴댕이, 꽃게, 병어, 새우 등이 함께 들어온다.

강화도 후포 선수마을은 '밴댕이마을'로 더 유명하다. 석모도와 강화도 사이 물목에 그물을 놓아 잡은 밴댕이를 곧바로 포구로 가져와 판매하면서 입소문이 나기 시작했다. 밴댕이뿐만 아니라 김장철을 앞두고 새우 젓과 생새우 시장이 형성되기도 한다. 밴댕이는 한 마리에 회 한 점이라 한다. 머리와 내장을 제외하고 좌우로 칼질을 해 한 점으로 떠낸다. 오롯이 한 마리를 통째로 먹는다. 밴댕이는 성질이 급해 어부들도 살아 있는 모습을 보기 어렵다. 쉽게 상해 제철에 산지가 아니면 회로 먹기 어려웠다. 강화도의 밴댕이회가 주목을 받았던 것은 서울, 경기, 인천 지역에서 많은 사람이 찾기 때문이었다. 이제 냉장과 운반시설이 발달해 다른 지역에 공급할 수 있지만, 어획량도 줄고 찾는 사람이 많아 강화에서 소비할 양도 부족하다. 강화에서는 밴댕이회뿐만 아니라 무침, 구이, 튀김, 완자탕까지 한 상을 차려낸다. 전라도 목포, 영광, 신안 지역에서는 회보다 젓갈을 담아 즐긴다.

밴댕이 밥상(회, 튀김, 무침, 탕, 구이)

대청도 홍어

참홍어,
삭히지 않은 싱싱한 맛

西海
〰〰

+
인천광역시 옹진군 대청면 대청리 | 배편 운항
여름에는 대청도·소청도·백령도, 겨울에는 흑산도
참홍어*, 참가오리, 홍어

'홍어'라고 하면 흑산도를 먼저 떠올린다. 그런데 흑산도 못지않게 홍어를 많이 잡는 섬이 있다. 그곳에서는 흑산도처럼 삭힌 홍어가 아니라 싱싱한 홍어회를 즐겨 먹는다. 서해 5도 가운데 하나인 대청도. 대청도 선진포의 한 식당에서 맛본 홍어회는 분명 흑산도 예리항에서 막걸리와 함께 먹었던 '참홍어'였다.

참홍어는 수심 100미터 내외에서 서식하는 냉수성 어종이다. 여름에는 대청도, 소청도, 백령도 등 북한의 장산곶과 마주하고 있는 바다에 서식하다 겨울에 남쪽 흑산도로 내려간다. 참홍어가 남쪽으로 가면 대청도 어민들도 따라갔다. 1970년대에는 대청도, 소청도, 백령도의 많은 어부가 홍어를 잡으려고 흑산도로 내려갔다. 이들 중 지금도 흑산도에 머물며 홍어를 잡는 사람도 있다. 홍어잡이를 나갈 때 돼지머리, 시루떡 외에 홍어를 올리며 출어 고사를 지내기도 했다. 흑산도에서 미끼 없이 홍어를 잡는 '걸낙' 어법도 이때 전해졌다고 한다. 대청도에서는 이 어법을 '건주낙'이라 부른다. 줄에 묶은 수백 개의 미늘이 없는 낚시를 홍어가 다니는 길목에 놓아 잡는다.

봄에 잡힌 홍어는 차곡차곡 저장해 운반선으로 영산포나 목포에 내다 팔았다. 대청도에서 출발한 배가 사나흘 걸려 영산포에 도착하면 알맞게 자연숙성이 되었다. 이렇게 숙성된 홍어를 전라도 사람들이 좋아했고 가격도 좋았다. 당시 인천에서는 홍어가 잘 유통되지 않았고 삭힌 홍어는 먹지 않았다. 운반선은 돌아올 때 어민들로부터 주문을 받아 쌀 등 식량과 생필품을 가져왔다. 또한, 가을까지 잡아 말린 '건작홍어'는 시제가 많은 경상도에서 인기가 좋았다. 한국전쟁 전에는 여름 홍어는 소금에 절였다가 북한 장연, 태탄, 신천, 송화에 팔아 식량과 생필품으로 교환했다. 조기잡이 이후 꽃게잡이 이전까지 대청도 경제를 좌우했던 것이 참홍어였다. 참홍어가 많이 잡힐 때는 인심도 좋았다고 한다.

여름이면 대청도 옥죽동 어민들은 홍어잡이 채비를 하느라 분주하다. 이 마을에는 홍어만 잡는 배가 7척이 있다. 흑산도로 출어할 때만 해도 대청도의 선진포나 사탄동 등 다른 마을까지 모두 80여 척의 홍어잡이 배가 있었다. 최근 울릉도와 독도에 많이 잡히는 참가오리는 유전자 분석 결과 참홍어로 밝혀졌다. 참홍어는 흑산도, 대청도 그리고 울릉도와 독도까지 우리 바다와 국토 끝섬을 지키는 바닷물고기다.

西海

△ 홍어잡이 어구
▽ 홍어 말리기

백령도 냉면

허기와 고향생각을 달래는
차가운 냉면, 뜨거운 면수

몇 해 전 여름이었다. 백령도 진촌마을 냉면집은 점심시간 전인데 주차할 곳이 없을 정도로 붐볐다. 백령도에는 이곳 외에도 중화동, 사곶, 신화동, 가을리 등에 냉면을 내놓은 전문식당이 있다. 백령도 냉면은 면은 메밀, 육수는 쇠뼈를 기본으로 하는 황해도식이다. 남북 분단 이전 백령도는 황해도에 속했다.

백령도에 냉면을 파는 식당이 문을 연 것은 1960년대이지만 겨울철에 시작해 봄이 오면 문을 닫는 계절 음식이었다. 냉면은 한반도 북부 지방 음식이다. 겨울철이

+
인천광역시 옹진군 백령면 | 배편 운항
진촌마을, 중화동, 사곶, 신화동, 가을리 등에 냉면 전문점

면 손맛 좋은 집에 삼삼오오 모여 냉면을 내렸다. 국수틀도 마을에 하나쯤은 있었다. 백령도도 마찬가지였다. 특히, 전쟁을 피해 백령도로 들어온 실향민에게 냉면은 삶의 허기와 고향생각을 달래는 음식이었다. 며칠 머물다 전쟁이 끝나면 돌아갈 심산으로 고향에서 가까운 백령도에 머물렀다. 그 며칠이 70여 년의 세월로 바뀌었다. 봄이면 농사가 시작되고 어장을 꾸려 먹고 사느라 외로움과 서러움을 잊었다. 하지만 일이 없는 겨울철이면 고향마을이 보이는 장산곶 하늬바다에 피어오르는 안개처럼 스멀스멀 그리움과 외로움이 스며들었다. 그 무렵 찾는 것이 냉면이었다. 겨울철 펄펄 끓는 아랫목에서 차가운 냉면을 먹고 뜨거운 면수로 마무리했다. 그러면 그리움과 서러움도 며칠은 잊을 수 있었다.

지금처럼 냉면을 전문으로 하는 식당이 마을마다 문을 연 것은 1980년대에 쾌속선이 다니기 시작하면서다. 여행객은 물론 군인 가족들의 발걸음도 잦았다. 겨울철에 먹던 백령도 냉면 맛도 빠르게 외지인에게 소문이 났다. 백령도의 특산물인 까나리 액젓이 곁들여지면서 '백령냉면'이라고 소문이 났다. 봄이면 안개로 겨울에는 파도로 뱃길이 자주 끊기지만, 배가 들어오면 어김없이 여행객과 군인가족이 들어온다. 그리고 냉면을 찾는다. 냉면집도 진화해 주민들 단골집, 군인들이 잘 가는 집, 여행객들이 많이 찾는 집이 각각 생겨나 있다. 그리고 겨울철뿐만 아니라 사철 즐기는 향토음식으로 자리를 잡았다. 인천에도 백령도 사람이 운영하는 백령냉면 집이 있다. 가을이 오면 소금꽃이 피듯 철조망과 바다를 배경으로 하얗게 핀 메밀꽃도 볼 수 있다.

백령냉면

西海

백령도 놀래미찜

값은 헐하지만 귀한,
생태관광지에 서식하는 어류

백령도 실향민들은 조상님에게 제물로 우
럭을 올린다. 조기가 떠난 자리다. 우럭 양식이 활발하니
그럴 일은 없겠지만, 하늬바다에서 우럭마저 떠난다면
그 자리는 십중팔구 노래미가 차지할 것 같다. 생선 값으
로 따진다면 넙치가 으뜸이요, 우럭이 그다음이다. 노래
미는 셋 중에 가장 헐하다. 노래미는 까나리 다음으로 백
령도에서 많이 잡히는 어물이다. 주민들은 '놀래미'라 부
른다.

+
인천광역시 옹진군 백령도 하늬바다 일대 | 배편 운항
사시사철 | 국가생태관광지 | 노래미*, 놀래미

이 놀래미를 인간보다 더 좋아하는 주인공이 바로 점박이물범(천연기념물 제331호, 멸종위기 야생생물 2급, 해양보호생물)이다. 봄부터 가을까지 백령도와 가로림만을 찾는 해양포유류다. 한때 서해에 8,000여 마리가 발견되었지만, 2019년 기준 1,500여 마리가 서식한다. 그중 300여 개체가 백령도를 찾고 있고, 서천과 태안 사이 가로림만에서도 10여 마리가 관측되고 있다.

놀래미는 통발로 잡고, 낚시를 이용하기도 한다. 또한, 까나리를 잡는 낭장망(강한 조류에 밀려가지 않도록 닻으로 고정한 자루그물)이나 안강망에 들기도 한다. 특히 물범이 많이 서식하는 백령도 하늬바다는 어민들도 많이 이용하는 어장이다. 그곳에는 해조류가 잘 자라 놀래미와 우럭이 많다. 놀래미를 쫓는 물범이 나타나면 까나리나 놀래미는 혼비백산 줄행랑을 친다. 심지어 그물에 갇힌 물고기를 탐해 어구를 훼손하기도 한다. 어민들과 물범은 견원지간이었다.

이런 관계가 한 환경단체의 10여 년에 걸친 노력으로 시나브로 바뀌더니, 이제 물범을 보호하는 주민 모임이 만들어지고 백령바다를 깨끗하게 지키는 일에 나서고 있다. 주민들의 삶터인 어장을 물범쉼터로 내주기도 했다. 사실 바다는 어장 이전에 물범의 삶터였다. 덕분에 백령도는 안보관광이 아니라 생태관광으로 전환할 수 있게 되었다. 최근 물범의 주요 서식지인 백령도 하늬해변과 진촌리 일대가 '국가생태관광지'로 지정되었다. 이제 놀래미는 옛날 놀래미가 아니다. 국가가 보증하는 생태관광지에 서식하는 어류다. 여느 지역에서 잡히는 놀래미와 다른 가치를 지니는 이유다. 공존의 바다가 선물한 놀래미를 특산품 판매장 어디에서나 구할 수 있다. 또한, 식당에서는 맛있는 놀래미찜도 맛볼 수 있다.

놀래미찜

+
점박이물범의 날

8월 25일은 백령중고등학교 점박이물범 탐구동아리 아이들이 정한 '점박이물범의 날'이다. 2011년 제주에서 구조되어 보호받던 점박이물범 '복돌이'가 2016년 8월 25일 백령도 하늬바다에 방류되었다. 이때 동아리 아이들이 함께 배를 타고 바다로 나가 갇혀 있던 우리의 문을 열었다. 학생들은 이를 기념해 그날을 '점박이물범의 날'로 정했다. 어린 학생들의 이런 날갯짓이 어른들의 마음을 움직였다. 이미 '점박이물범을 사랑하는 모임(점사모)'을 조직해놨지만 거의 활동을 하지 않던 어른들이 술렁거렸다. 아이들이 나서는데 어른들도 제 역할을 해야 하지 않겠느냐는 것이었다.

점박이물범은 포유류 식육목 물범과에 속하며, 바다에서 잘 생활하도록 발이 지느러미로 진화한 기각류의 일종이다. 한반도에서 서식하거나 출현한 기각류로는 점박이물범, 바다사자, 큰바다사자, 물개 등이 있다. 강치로 알려진 동해의 바다사자는 남획으로 멸종했다. 물개와 큰바다사자는 우리 바다에서 보기

西海

힘들다. 점박이물범은 서해, 동해, 오호츠크해, 캄차카반도, 베링해, 알래스카 연안에 서식한다.

점박이물범은 2014년 인천아시안게임에서는 아시아의 평화를 상징하는 마스코트 역할을 맡기도 했다. 까나리, 우럭, 놀래미 등을 좋아해 어민들의 불청객으로 푸대접을 받던 천덕꾸러기 점박이물범이 생명과 평화의 상징으로 떠오른 것은, 10여 년 동안 백령도를 오가며 모니터링을 하고 공생을 위해 주민들 설득하는 노력을 해온 녹색연합의 공이 크다. 지금은 동아리와 점사모가 함께 점박이물범 모니터링, 서식지 청소 등에 나서고 있다. 지난해에는 어민과 환경단체, 정부가 함께 점박이물범이 쉴 수 있는 쉼터를 바다에 마련했다. 학생동아리 회원도 30여 명으로 늘었다. 점사모도 점박이물범의 보호를 넘어 지속가능한 섬과 바다를 미래세대에게 물려주기 위한 고민을 시작했다. 이제 섬주민들이 점박이물범을 보는 시선도 바뀌고 있다. 그 계기가 되었던 것이 학생들이 정한 '점박이물범의 날'이다.

황해물범시민사업단 제공

장봉도 상합탕

'으뜸 조개' 백합을 맛보되,
갯벌 파헤치는 일은 삼가주시기를

西海
〰〰

\+
인천광역시 옹진군 북도면 장봉리 | 배편 운항 | 사시사철
갯티길과 솔숲, 해수욕장 추천 | 볼음도, 주문도 등도 백합으로 섬살이 | 백합*, 상합

백합만 생각만 하면 눈물이 난다. 새만금이 방조제로 막히고 백합이 모래갯벌 위로 올라와 하얀 속살을 드러내고 죽어가던 모습이 떠올라서다. 평생 백합을 캐며 살았던 계화도의 한 어머님(2023년 개봉한 영화 〈수라〉에 나오는 순덕이 이모)은 백합이 나는 섬으로 이사 가고 싶다면서 울먹였다. 그녀가 가고 싶었던 섬 중 하나가 장봉도다. 볼음도, 주문도와 함께 백합으로 섬살이를 하는 섬이다.

백합은 서해 모래갯벌에 서식한다. 강과 바다가 만나는 하구 모래갯벌에 특히 많다. 백이면 백, 조개 색과 무늬가 달라 백합이라 했다. 껍데기가 두껍고 단단하며 굳게 입을 다물고 있어 쉽게 상하지 않는다. 입만 벌리지 않는다면 상할 일이 없다며, 어민들은 백합이 담긴 자루에 무거운 돌을 얹어놓기도 한다. 장봉도에서는 백합을 '상합'이라고 한다. 백합이든 상합이든 조개 가운데 '으뜸'이라는 뜻이다. 또한, 한강 하구의 갯벌은 희귀한 물새들이 찾는 서식처이며 생물다양성이 뛰어난 갯벌이다. 동만도, 서만도, 아염, 사염 등 무인도는 검은머리물떼새나 저어새와 노랑부리백로의 서식지다. 이 갯벌에는 백합 외에도 동죽, 대합, 바지락이 서식하며, 무산김을 양식하고 있다.

백합은 한쪽에 날을 세운 폭 2.5센티미터, 길이 50센티미터 남짓한 쇠 양쪽을 긴 줄에 묶어 허리에 걸고 뒷걸음질을 하면서 갯벌을 긁어 찾는다. 이 어구를 '그레' '끄레' '끄렝'이라 부르는 이유다. 계절과 물때에 따라 백합이 서식하는 깊이가 다르다. 끄렝이를 끌면서 줄을 눌러 깊이를 조절하며, 손에 전달되는 느낌이나 들리는 소리로 알아차린다.

조개탕이 대개 그렇듯이 맛있는 백합탕을 끓이는 방법은 의외로 간단하다. 신선한 백합을 듬뿍 넣고 땡초를 약간 넣어 끓이면 된다. 신선한 백합을 찾는 묘수는 발품이다.

덧붙이자면, 장봉도는 갯티길이라는 트레킹 코스와 솔숲, 해수욕장이 좋다. 섬여행도 하고 백합탕과 백합칼국수도 맛보고 직거래할 주민을 찾으시기를 권한다. 다만, 갯벌체험을 한다며 갯벌을 파헤치는 일은 삼가면 좋겠다. 그곳은 농민들 논밭처럼 주민 텃밭이기도 하다.

장봉도 소라비빔밥

국내외에서 인정한 건강한 섬,
전복보다 맛있다는 소라

장봉도 갯벌은 모래갯벌과 펄과 모래가 비슷하게 섞여 있는 혼성갯벌이 공존하는, 조차潮差가 8미터가 넘는 하구갯벌이다. 바닷물이 빠지면 풀등이 섬처럼 아름다운 모습을 드러낸다. 이 갯벌과 주변 무인도는 한때 조기와 민어, 농어가 지천인 서해를 대표하는 어장이었다. 잡았던 인어를 놓아주자 물고기가 많이 잡히기 시작했다는 착한 인어 이야기가 전해오는 곳이다. 지금도 숭어와 서대, 꽃게, 망둑어 등 어류와 백합과 바지락, 소라 등 조개와 고둥류가 어민들의 발길을 잡는다.

+
인천광역시 옹진군 북도면 장봉리 | 배편 운항 | 사시사철
해양보호구역, 람사르 습지 | 피뿔고둥*, 소라, 뿔소라

또한, 노랑부리백로와 검은머리물떼새, 저어새 등 멸종위기종과 취약종의 서식처이며, 섬사람들이 어선어업과 양식어업, 맨손어업을 하는 보기 드문 마을공동어장이다. 국내에서는 생물다양성이 풍부하며 희귀 동식물이 서식하는 해양보호구역으로, 국제사회에서도 그 가치를 인정받아 람사르 습지로 지정되었다. 특히, 맨손어업을 하는 어민들은 갯벌에서 백합(상합)과 낙지, 바지락을 채취한다. 해수욕객이 떠난 옹암해변에서 해안으로 밀려온 해양쓰레기를 줍는다. 바다를 사랑하는 사람들과 좋은 음식을 미래세대에게 물려주려는 사람들이다. 그곳에서 소라비빔밥과 백합칼국수로 점심을 해결했다. 소라는 주민들이 민꽃게를 잡거나 조개를 채취할 때 덤으로 줍던 고둥이다. 최근 전복보다 식감도 맛도 좋다는 입소문이 나면서 전문적으로 소라를 잡는 어민들이 등장했다. 또한, 소라를 잡기 위해 밤길을 나서는 여행객도 있다.

어류도감에는 소라를 '피뿔고둥', 뿔소라를 '소라'라 했다. 뿔소라(소라)는 제주바다와 남해안의 깊은 바다에서 자라고, 소라(피뿔고둥)는 갯벌이 발달한 서해에서 서식한다. 소라는 인천과 대천, 군산, 목포 등 서해 포구나 어시장에서 흔하게 볼 수 있다. 장봉도처럼 모래와 펄이 섞인 곳이나 조개가 많은 곳에 서식한다. 달짝지근하고

西海

식감이 좋아 제철에는 회로도 먹고, 숙회나 무침으로 좋다. 정약전의 《자산어보》에서는 "맛은 전복처럼 달며, 데칠 수도 있고 구울 수도 있다."고 했다. 장봉도 식당에서는 살짝 삶아 채소를 더해 비빔밥으로 내놓고 있다. 인천 어시장에서는 드물게 소라젓을 구경할 수도 있다. 깨끗하고 맛있는 해산물을 먹고 싶다면, 건강한 갯벌이 유지되어야 한다. 장봉도는 국내외에서 인정하는 갯벌로 둘러싸인 건강한 섬이다. 장봉도 소라비빔밥이 좋은 이유다.

소라비빔밥

+
연평도
꽃게잡이

연평도에는 '대나루'라는 곳이 있다. 크다는 뜻의 '대'와 포구라는 뜻의 '나루'를 더한 이름으로, '대진동'이라고도 한다. 연평도에서 가장 너른 곳으로, 일찍부터 벼농사를 지었다. 지금은 섬의 동남쪽에 있는 연평항을 이용해 인천을 오가지만 한 세기 전에는 북쪽에 있는 대나루가 관문이었다. 이곳은 갯골이 섬으로 만입해 바람과 파도를 피할 수 있고, 해주나 옹진반도로 오가기 좋은 곳이다. 이 지역 관련해, 전해오는 설화가 있다. 임경업 장군이 병자호란 때 볼모로 잡혀간 세자들을 구출하기 위해 중국으로 가던 중 연평도에 잠시 머물렀다. 식량이 부족하자 안목바다에 가시나무를 꺾어 꽂았더니 조기가 주렁주렁 걸렸다. 이후 조기잡이 마을에서는 임 장군을 조기의 신으로 모셨다는 이야기다. 목섬 주변은 어장이 좋다. 잘록한 목섬 좌우로 물살이 빠르고, 물이 빠지면서 골이 좁아져, 그물을 놓으면 적은 비용과 노력으로 큰 이문을 볼 수 있다. 안목바다가 그런 곳이다.

이곳에서는 북한 용매도와 수압도 주변에 정박해 있는 배에 꽂힌 깃발도 눈으로 구분할 수 있다. 가을 꽃게 철에 북한의 섬 주변에서는 수십 척의 중국 배들이 모두 붉은 오성기를 달고 조업을 준비 중이다. 우리 어민들은 연평도 서남쪽 어장에서 꽃게를 잡는다. 하지만 꽃게에게 바다에 그어놓은 선이 무슨 의미가 있겠는가. 중국 배에 잡히면 중국산이 되고, 우리 어민들에게 잡히면 국산이 된다. 모두 연평바다의 꽃게지만 누구에게 잡히느냐에 따라 그 꽃게의 운명은 달라진다.

지금은 봄가을에 꽃게를 잡아 생활하지만, 1960년대까지는 조기에 의지했다. 봄철이면 조기잡이 배들이 연평도에 가득했다. 조기 파시가 형성되면 연평도 뒷골목의 술집, 여인숙, 다방, 식당 등이 흥청댔다. 당시 주민들 중 남자들은 조기잡이 배를 타기도 했고, 여성들은 나무를 팔고 식수를 제공하여 생활했다. 지금도 조기잡이를 하면서 불렀던 '배치기소리'를 흥얼거리는 주민을 만날 수 있다. 그때는 꽃게는 쳐다보지도 않았다. 오히려 그물을 훼손하고 떼어내기 힘들어 천덕꾸러기 취급을 받았다. 봄에는 반찬으로 쓸 암꽃게 몇 마리를 제외하고는 버렸다. 고추 모종을 심고 옆에 거름 대신 꽃게 한 마리 푹 찔러놓았다는 주민도 있다. 꽃게는 쉽게 상해 보관도 어렵고 소비지가 멀어 유통은 더욱 힘들었다. 냉동창고가 보급된 후에야 꽃게가 도심까지 유통될 수 있었다. 조기가 연평바다에서 사라졌으니 꽃게에 의지할 수밖에 없었다. 지금은 꽃게가 금값이다. 가을 꽃게 철이다. 어둠이 걷히는 새벽이면 불을 밝힌 배들이 연평바다로 꽃게를 찾아 나선다.

연평바다 꽃게잡이배(옹진군청 제공)

西海

1967년 연평도 조기 파시(옹진군청 제공)

안면도 대하장

먼 길 떠나는 사람에게
꼭 챙겨 먹일 음식

西海
〰〰

+
충청남도 태안군 안면읍과 고남면 | 가을 제철
태안군, 보령군, 서천군 등지의 대하가 유명 | 대하*, 흰다리새우(양식)

봄이 꽃게장 계절이라면 가을은 새우장이다. 냉장시절이 좋아 봄에 게장을 담가 가을은 물론 겨울까지 갈무리해두었다 먹으니 제철이 무슨 의미가 있을까. 아니다. 그래도 수산물의 제철은 여전히 유효하다. 가을 새우를 으뜸으로 꼽는 이유다.

동해에 도화새우, 물렁가시붉은새우, 가시배새우가 있다면 서해에는 대하, 보리새우, 흰다리새우가 있다. 대하나 보리새우는 자연산이지만 흰다리새우는 양식이다. 중앙아메리카와 남아메리카 열대 해역이 원산지인 흰다리새우는 세계 양식 새우의 80퍼센트를 차지한다. 2019년 기준 대한민국의 새우 생산량은 7,000여 톤에 불과하지만 소비량은 약 8만 톤으로, 대부분 수입에 의존하고 있다.

펄과 모래가 섞인 서해는 대하가 서식하기에 좋은 환경이며 수온도 적절하다. 조류를 타고 이동하므로 조류가 약한 조금 물때에는 잘 잡히지 않는다. 따라서 조류가 활발하게 움직이기 시작하는 세 물(음력 열이틀과 스무이레)부터 열두 물(음력 스무하루와 초엿새)까지(조차와 조류는 15일을 주기로 변하는데, 조차가 적고 조류 속도가 느린 때를 조금, 조차가 크고 조류 속도가 빠른 때를 사리라고 한다) 안강망이나 걸그물이라고도 하는 자망을 이용해 잡는다. 대하는 봄에 산란을 위해 연안으로 올라왔다가 겨울이면 깊은 바다로 이동한다. 그래서 봄에는 작고 여름에도 잡히지만, 가을 대하가 살이 오르고 씨알이 굵다. 암컷 대하가 수컷 대하에 비해 크고 값도 두 배 비싸다. 대하가 너무 비싸면 흰다리새우로 새우장을 담가도 좋다. 흰다리새우도 가을철에 맛이 좋다. 싱싱한 대하는 보리새우처럼 회로 즐긴다.

서해 지역에서도 특히 태안, 보령, 서천 대하가 유명하다. 10월에 안면도 백사장 어시장에서 제철 대하를 구입했다. 내장을 빼고 수염과 뿔을 제거하고는 준비해둔 장에 담갔다. 여름에는 하루, 가을에는 사흘 정도 두었다가 먹으면 좋다. 식당에서 주문하는 '왕새우소금구이'나 '대하소금구이'는 흰다리새우를 내놓는 경우가 많다. 대하는 흰다리새우에 비해 뿔과 수염 길이가 길고, 꼬리도 초록빛을 띤다. 새우를 "길 떠나는 남자에게 권하지 마라."는 옛말이 있는데, 그만큼 몸에 좋다는 뜻이니 '먼길 떠나는 사람에게 꼭 챙겨 먹여야 한다.'로 바꿔야 할 것 같다. 보양에 좋은 대하장이다.

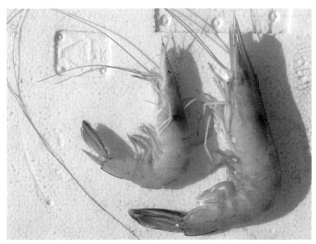

△ 흰다리새우(왼쪽)와 대하(오른쪽)

▽ 대하장

우럭젓국

산 자에게도 망자에게도 통하는
신통방통한 깊은 맛

장마가 끝났다고 생각했는데 물벼락이라니. 불볕더위의 예고일까. 코로나19에 장마와 더위로 몸도 마음도 지쳐간다. 이럴 때 몸을 보하는 음식을 떠올리는 것은 당연하다. 복달임하는 바다 음식으로 보통은 장어와 민어를 떠올린다. 하지만 태안에서는 우럭젓국으로 더위를 나기도 했다. 서민들은 보양식으로, 지역에서 많이 생산되는 재료를 가지고 가장 쉽고 맛있게 만들어 먹을 수 있는 음식을 택했을 것이다. 태안의 우럭젓국이 그렇다.

+
충청남도 태안군 | 태안에서는 6월 제철
조피볼락*, 우럭, 검어, 금처귀

우럭의 도감명은 '조피볼락'이며, 《자산어보》에서는 '검어'라 하고 속명으로 '금처귀'라 하며, "머리도 크고, 눈도 크고, 입도 크다."고 했다. 검어라는 이름처럼 몸은 검은빛이다. 자연산이 양식 우럭보다 짙은 갈색을 띤다. 넙치(광어)와 함께 대한민국 양식어업을 대표하며, 사철 횟집을 지킨다. 그뿐인가? 어부들은 물론 낚시인들에게도 큰 기쁨을 주는 바닷물고기다. 귀한 참돔이나 감성돔처럼 강력함은 없지만, 어부에게나 낚싯객에게나 꾸준하게 잡히는 효자다. 소심하고 정착성이 강해 멀리 가지 않고 주변에서 머물며 자란다. 그래서 어족 자원 증식을 위해 일찍부터 치어 방류를 하고 있으며, 양식어업의 주요 품종으로 발전했다. 대한민국 전 해역에서 잡히고, 식감이 좋고 국물이 시원해 일찍이 대중성을 확보한 국민 생선이다.

태안에서는 "보리누름에 우럭국 한 사발 먹어야 삼복을 난다."고 했다. '보리누름'은 보리가 누렇게 익는 철을 가리킨다. 태안에서는 유월에 잡힌 우럭이 맛이 좋다. 작은 몸으로 어쩌면 그렇게 깊은 맛을 내는지 신통방통하다. 혹자는 머리가 커서 국물이 진하다 하고, 어떤 이는 뼈가 억세서 그렇다고 한다. 양식 이전에 흔하게 잡히던 생선이다. 뼈가 억세고 살이 단단해, 장작처럼 바짝 말려 쌓아두면 다른 생선에 비해 오래 보관할 수 있었다. 그 과정에서 자연스럽게 숙성이 이루어진다. 북어나 물메기도 그렇다. 우럭젓국은 갖은양념을 하지 않고 소금간과 태안 토종 육쪽마늘만 넣고 끓인다. 국물이 마치 토종닭으로 끓인 백숙처럼 진하고 기름지다. 산 자만이 아니라, 망자를 위한 제사상에도 우럭포를 올리지 않으면 반 제사를 지내는 것이라 했다. 망자가 먹고 나면 그 우럭포로 우럭젓국을 만들기도 했다.

우럭젓국 밥상

삽시도 바지락칼국수

국물이 시원하지 않으면 오히려 이상한,
푸드 마일리지 제로의 맛

　　　　　　태풍이 지나면 가을로 한 걸음 더 깊게 들어갈 것이다. 걷기 좋은 계절이다. 파도 소리를 들으며 솔숲을 따라 걷는 길을 상상해보자. 피서객이 떠난 모래밭에 수런수런 다가오는 바닷물을 보면서 걷는 길. 삽시도 둘레길이 그런 길이다. 쌀농사도 짓고, 염전도 있는 작지 않은 섬이다. 노을이 아름다운 서쪽 모래밭은 여름에 여행객이 많이 찾고, 동쪽 해안은 마을어장이며 물새들의 쉼터다. 섬 안 술똥마을에서 밤섬마을로 가는 길에 천연

+
충청남도 보령군 오천면 | 배편 운항 | 사시사철
안면도, 황도, 원산도 지역 바지락 역시 추천 | 어촌체험마을

53

기념물 검은머리물떼새 몇 마리를 확인했다.

하루에 세 차례 배가 다녀, 이른 아침에 들어와 한참 길을 걷다가 당일에 돌아갈 수 있다. 하지만 시간이 허락한다면 하룻밤 머물며 섬마을에서 가을 노을을 만끽해보기를 권한다. 삽시도갯벌에는 바지락, 낙지, 민꽃게, 피뿔고둥, 해삼 등이 많이 서식한다. 이 중 바지락은 삽시도를 대표하는 소득원이다. 당일치기든 하루 숙박을 하든 바지락칼국수는 반드시 먹어야 한다. 바지락칼국수는 어디에서나 먹을 수 있지만 삽시도 바지락은 '푸드 마일리지 제로'인 식재료다.

하룻밤을 머물기로 한 터라 바쁠 것이 없었다. 두리번거리며 이른 점심을 먹을 식당을 찾아 들어갔다. 간단하게 먹고 일어나려는 계획이었다. 하지만 국물을 한 숟가락 떠먹고 막걸리를 주문했다. 왜 시원한 국물을 맛보면 술이 생각날까. 칼국수를 담은 그릇의 반은 바지락 차지다. 집 앞에서 캐서 해감을 잘해둔 바지락이다. 국물이 시원하지 않으면 오히려 이상하다. 배를 타고 차를 타고 시장을 거쳐 밥상에 오르는 육지의 바지락과 다르다. 충청도에는 바지락이 잘 자라는 혼성갯벌이 발달했다. 특히 삽시도를 비롯해 안면도, 황도, 원산도 지역의 바지락이 좋다.

주민들은 섬에서 숙박을 하는 여행객을 위해 일부 바지락밭을 체험 어장으로 제공하고 있다. 대신 섬에서 정한 그릇과 도구만을 이용해야 한다. 이때 양식을 하고 있는 해삼이나 전복은 채취할 수 없다. 삽시도는 어촌체험마을로 지정되어 안전하게 안내를 받으며 체험활동도 할 수 있다. 도시와 어촌의 교류를 위해 마련된 프로그램이다. 다음 날 보령으로 나가는 아침 배에 10여 개의 바지락 자루가 실렸다.

바지락칼국수

벌벌이묵

겨울이 제철인
박대껍질로 만든 묵

설 명절 연휴 기간에 기온이 뚝 떨어졌다. 그래도 남쪽에서는 매화 소식이 들리기 시작했다. 이 무렵 서천이나 군산 사람들이 찾는 귀한 음식이 있다. 언뜻 볼 때는 도토리묵이나 우무라고 생각할 수도 있겠으나 전혀 다른 재료로 만든, 겨울이 제철인 박대묵이다. 주민들은 묵의 탄력이 좋아 '벌벌이묵'이라 부른다.

박대는 갯벌이나 모래가 발달한 금강 하구나 한강 하구에 서식한다. 바다의 저층에 서식하는 박대를 잡으려고 안강망이나 끌그물을 이용한다. 박대는 구이나 조림, 탕, 어느 쪽으로도 어울린다. 여기서 끝이 아니다. 벗

+
충청남도 서천군, 전라북도 군산시 | 사시사철 | 박대묵

西海

△ 생물 박대껍질

▽ 박대묵

겨낸 껍질로 묵을 만든다. 이렇게 알뜰하게 먹을거리를 제공하는 물고기가 또 있던가. 서천 수산시장이나 홍원항, 군산 건어물 가게에서 마른 박대나 껍질을 만날 수 있고 서천 오일장에서는 겨울에 박대묵을 만들어 판다. 박대묵을 상온에 보관하면 녹아서 물로 바뀐다. 냉장고 안에도 오래 넣어둘 수 없다. 겨울에 필요할 때 만들어 바로 먹어야 한다. 설 명절을 앞두고 가족들이 모일 때 만들어 먹던 음식이다. 박대 외에, 콜라겐이 많이 포함된 꼼장어나 홍어 껍질로도 묵을 만들어 먹는다.

박대 껍질은 두껍고 비늘이 많다. 비늘을 제거하고 벗겨낸 껍질을 말리면, 영락없이 뱀이 허물을 벗어놓은 모양이다. 박대를 잡은 배가 들어오면 손질을 해주고 껍질을 얻어와 묵을 만들어 끼니를 해결하기도 했다. 묵을 만들려면 말린 박대 껍질을 여러 번 씻은 뒤 솥에 넣고 푹 삶는다. 이때 비린내를 제거하려고 양파나 생강을 넣는다. 계속 주걱으로 저어 눌어붙지 않도록 한다. 한 시간 정도 지나면 껍질은 녹아서 물이 된다. 이 물을 걸러 틀에 넣고 기다리면 박대묵이 만들어진다. 우무는 남해나 제주에서 여름에 시원하게 콩물과 함께 먹지만, 벌벌이묵은 금강 하구나 한강 하구에서는 겨울에 양념을 올려 먹었다.

장항 붕장어구이

정성 가득한 손질에
굽기 딱 좋은 양념을 더한 맛

붕장어, 뱀장어, 갯장어를 장어 삼총사로 꼽는다. 이들 중 계절과 관계없이 즐길 수 있는 장어가 붕장어다. 붕장어는 통영, 고성, 여수 등 남해 해역에서 많이 잡히지만, 금강 하구나 한강 하구 등 서해에서도 곧잘 잡힌다.

금강 하구에 자리한 장항의 붕장어구이 전문집(유정식당)을 세 번째로 찾았다. 장항은 한때 직원 2,000여 명이 일을 하던 장항제련소와 장항선을 중심으로 철도와 항만을 연결하는 물류의 중심지였다. 하지만 지금은 기

+
충청남도 서천군 장항읍 ┃ 사시사철
물메기, 꽃게, 서대, 박대, 아귀 등도 추천

차는 가끔 오가고, 제련소는 문을 닫아 옛날 모습은 볼 수 없다. 그래도 혹시나 해서 점심시간을 피해 늦은 시간에 찾았는데도 손님이 많았다. 이곳은 숙성한 간재미, 새우장, 풀치조림, 꼬막, 꼴뚜기 등 해산물로 반찬을 내놓는다. 날씨가 춥다며 아내가 아귀탕을 주문했지만 붕장어구이 맛을 놓칠 수 없어 추가했다. 예상대로, 입맛이 까다로운 아내도 쫀득한 식감과 감칠맛이 지금까지 먹어본 붕장어구이 중 최고라고 했다.

붕장어는 뱀장어나 갯장어가 누리는 계절특수와 산지특수에 밀리는 감이 있지만, 그 맛을 아는 분들에게 꾸준히 사랑을 받고 있다. 갯장어와 달리 산란 철 외에는 연중 우리 바다에 머문다. 계절에 따라 맛의 변화가 적고 어획량도 좋아 우럭이나 넙치 양식 이전에는 횟집에서 큰 대접을 받았다. 생선구이가 다 그렇지만 특히 장어구이는 은근한 시간이 필요한 요리다. 손질을 하는 것도 품이 많이 들지만, 구울 때도 초벌구이를 한 후 준비한 양념장을 바르고 다시 굽는다. 양념의 차이가 집집마다 다른 맛을 만들어낸다. 좋은 식당은 선도가 좋은 재료를 구할 수 있는 장소와 최적의 양념을 만드는 데 들인 시간이 결정한다.

우리가 찾아간 유정식당은 물 좋은 자리에서 오랫동

안 식당을 해온 덕에 이 모두를 갖추었다. 장어양념구이는 구울 때 양념이 타지 않으면서 바삭한 식감을 유지하도록 해야 한다. 그래서 과거에는 "초벌은 살짝 찐 다음 양념을 바르며 굽고, 구울 때 나오는 기름을 받아 다시 바르기"(《동아일보》, 1939년 9월 5일)도 했다. 비린내를 잡기 위한 비법도 다양하다. 장어구이에 생강 채를 곁들이는 이유이다. 장항에는 붕장어 외에 물메기, 꽃게, 서대, 박대, 아귀 등 금강 하구에서 나는 해산물로 밥상을 차리는 곳이 제법 많다.

붕장어구이

박대구이

군산 사람들은
박대가 아니면 관심이 없다

"이거 서대 아닌가요?" 째보선창(본래 명칭은 죽성포구)을 따라 걷던 여행객이 건조대에 널린 생선을 보고 하는 말이다. 외모로는 영락없이 서대다. "아니요. 박대요, 박대!" 생선껍질을 널던 상인이 알려준다. 서대는 알아도 박대는 생소하다. 심지어 박대를 서대라고 아는 사람도 많다. 박대는 참서대, 흑서대, 개서대 등과 함께 참서대과에 속하니 사촌쯤 된다.

군산 사람들은 박대가 아니면 관심이 없다. 심지어 '참박대'라고, 최근에는 '황금박대'라고도 부른다. 회무

+
전라북도 군산시 | 12~2월 제철
박대*, 참박대, 황금박대, 박접

박대

침으로 즐기는 서대와 달리 박대는 주로 구이를 한다. 서천 홍원항에서 만난 상인은 서대는 붉은색 몸통에 가장자리는 검다고 했고, 군산에서 만난 건어물가게 주인은 박대는 건조하면 황금빛을 띤다고 했다. 《자산어보》는 서대를 '우설접', 박대는 '박접'으로 구분했다. 또한, 박대는 "종잇장처럼 얇고 줄줄이 엮어서 말린다."고 했다. '접'은 넙치, 가자미, 도다리, 서대, 박대처럼 몸통이 넓적하고 눈이 한쪽으로 치우친 어류인 '비목어'를 가리킨다. 어릴 때는 다른 어류처럼 좌우 대칭의 눈을 갖지만 자라면서 비목어로 바뀐다. 박대는 다 자라면 참서대과 중 가장 크다.

겨울이 시작되는 12월부터 봄이 오기 직전인 2월까지 맛이 가장 좋다. 박대가 인천이나 서천에서도 잡히지만 군산 박대로 자리 잡을 수 있었던 것은 가공 공장이 발달했기 때문이다. 서해에서 잡히는 박대는 군산에서 가공을 거쳐야 제값을 받을 수 있다. 간고등어가 안동에서 특산물이 된 것과 마찬가지다. 덕분에 군산 특산물점이나 수산시장에서는 박대가 인기다.

째보선창 반지회비빔밥

성질은 급하지만,
부드럽고 달콤한 살맛

작은 피라미만 하지만 이 맛을 본 사람들은 다시 찾을 수밖에 없다. 비릿하지 않고 달콤한 맛이 유혹한다. 섬진강 은어에 비할까. 한강 하구 대명포구, 금강 하구 군산, 영산강 하구 목포 등 갯벌이 발달한 강 하구에서 많이 잡힌다. 영광, 목포, 신안 등에서는 '송어' 혹은 '송애'라 하며 회보다 먼저 젓갈로 이름을 알렸다. 아내도 여름철 입맛이 떨어지거나 몸살을 겪고나면 찾는 것갈이다. 영광살이를 하던 시절에 어머니가 즐겨 밥상에 올렸기 때문이다.

+
전라북도 군산시 금암동 째보선창 | 봄과 여름 제철, 급속냉동으로 사시사철
임자도, 낙월도, 강화도, 석모도 등도 산지 | 반지*, 송어, 송애, 밴댕이

조류를 따라 이동하다 안강망이나 닻자망(큰 닻으로 조류를 가로지는 그물), 건강망 등에 잡힌다. 임자도, 낙월도, 강화도, 석모도 등에서 젓새우를 잡는 그물에도 많이 들어온다. 강화도에는 찾는 사람이 많아지면서 봄부터 여름까지 젓새우 대신 반지만 전문으로 잡는 어부도 생겨났다. 강화도 밴댕이회의 주인공이 반지다. 진짜 밴댕이는 남해안 멸치잡이 그물에 많이 잡힌다. 반지는 살이 부드럽고, 그물에 걸려 뭍에 올라오면 바로 죽어서 쉽게 상한다. 따라서 잡자마자 얼음에 묻어야 한다. 맛이 너무 좋아, 조선시대 농업서 겸 가정생활서인《산림경제》에서는 "썩어도 준치"라며 "대우를 받는 생선보다 회 맛은 더 좋다."고 했다.

군산 째보선창에는 반지회비빔밥을 전문으로 파는 식당이 몇 곳 있다. 금강 하구 개도와 연도 등에서 안강망으로 잡은 반지를 쓴다. 이른 봄에 실뱀장어를 잡고, 봄가을에 꽃게를 잡으며, 봄과 여름에는 반지를 잡는다. 반지는 손질해 곧바로 냉동실에 보관한다. 이렇게 갈무리해 사시사철 반지회, 반지회무침, 반지구이 등을 내놓는다. 선창 뒷골목 식당에는 이름도 분명하게 '반지회비빔밥'이라 적어놓고 음식을 내놓는다. 두 사람 이상 가야 반지 맛을 제대로 맛볼 수 있다. 구이는 덤으로 맛볼 수 있다.

△ 반지

▽ 반지회비빔밥

+

고군산군도
시어머니 갯벌

15년 전 여름이었다. 군산의 고군산군도 한 갯벌에서 바지락을 캐는 네댓 명의 주민을 만났다. 비가 내리는데 우비를 입고 쪼그리고 앉아 갯벌을 파서 바지락을 캐고 있었다. 고군산군도는 뭍에서 멀리 떨어져 있어 해양환경도 좋고, 섬과 섬 사이에 건강한 갯벌이 형성되어 바지락이 많았다. 그날 허락된 바지락 채취량은 한 동이였다. 손놀림이 빠르고 눈썰미가 좋은 주민은 반 시간도 되지 않아 한 동이를 채웠다. 그런데 한 어머님은 한 동이를 가득 채운 후에도 멈추지 않고 새로운 동이에 바지락을 캐서 담았다. 심지어 옆에 있던 주민도 바지락을 캐서 그 동이에 담아주었다. 이미 다 채웠는데 왜 더 캐는지 궁금해 물었다. 옆에서 도와주던 주민이 "이것은 시어머니 몫이에요."라며 알려줬다. 시어머니 몫이라니! "노모를 모시는 며느리는 한 동이를 더 팔 수 있어요."라며 친절하게 설명해주었다. "시아버지 몫도 있나요?"라고 다시 물었다. 웃으면서 시아버지 몫은 없다고 대답했다. 당시 고군산군도의 갯벌을 이용

西海

하는 주민들이 정한 마을법이었다.

　지난 주말 오랜만에 고군산군도를 다시 찾았다. 이제 배를 타고 가서 하룻밤을 자야 하는 불편함은 사라졌다. 새만금 방조제와 고군산군도를 잇는 다리가 만들어져 자동차로 갈 수 있게 되었다. 운 좋게 그 갯벌에서 바지락을 캐는 다른 주민을 만났다. 혹시나 해서 물었다. 지금도 시어머니 몫이 따로 있느냐고. 그러자 처음 듣는 소리라는 반응이 왔다. 왜 그렇지 않겠는가. 더 이상 옛날 고군산군도가 아니다. 주말이면 주차할 곳이 없을 만큼 사람들로 붐비는 섬으로 바뀌었다. 마을 입구마다 바지락을 내놓고 팔고 있다. 이젠 바지락이 여행객들에게 팔리는 상품이 되었다. 시어머니 몫을 배려할 여유도 없어졌을 것이다. 다리가 놓이면서 변하는 것이 어디 이것뿐이겠는가. 그나마 바지락이 서식하는 갯벌이라도 건강하게 보전되기를 바랄 뿐이다. 얻는 것이 있으면 잃는 것도 있다. 두 마리 토끼를 모두 얻을 수는 없다.

바지락 캐는 주민

+

서해와 남해의 만남,
양태미역국

이곳에서 만날 줄은 몰랐다. 언젠가는 사다가 꼭 미역국을 끓여야겠다고 생각하던 참이었다. 고군산군도의 선유도, 신선들이 머물렀다는 그 섬에서도 아름다운 갯바위와 옥돌해변으로 유명한 통계마을에서 장대를 만났다. 꾸덕꾸덕 마른 것을 몇 차례 구해다가 찌개를 해서 먹었지만, 탕을 더군다나 미역국을 끓일 생각은 하지 못했다. 며칠 전 통영 서호시장에서 "미역국 중에 최고는 낭태미역국이 데끼리 아입니까."라는 시장 할매의 말에 벼르고 있었다.

어류도감에는 쏨뱅이목 양탯과 '양태'로 소개되어 있지만, 서해에서는 '장대'라는 이름으로 불린다. '장태'나 '낭태'라고도 한다. 다른 쏨뱅이목 어류로는 우럭, 쏨뱅이, 불볼락 등이 있다. 모두 뼈가 억세고 머리가 크다. 어류의 명칭만 듣고도 시원한 국물을 떠올린다면 당신은 생선을 드실 줄 아는 분이다. 태안에서 만난 제주 출신 해녀들과 맑은 우럭미역국을 끓여 먹은 기억이 있다. 뭍에서야 미역국이라면 쇠고기를 떠올리겠지만, 바닷마을에서는 쏨뱅이목 생선을 이용한다. 그래도 장대(양태)는 익숙하지 않다.

양태의 생김새를 보면 비호감이다. 우선 몸에 비해 머리가 크고 위아래로 납작하게 생겼다. 그렇지만 몸은 통통하고 살이 많아 먹을 게 많다. 구이와 탕으로 좋지만 싱싱할 때는 회로도 즐긴다. 몸은 어두운 개흙 색에 검은 무늬나 많은 반점이 있다. 새우나 작은 물고기, 오징어나 게를 잡아먹는다. 가을에 맛이 좋아

양태

'구시월 양태'라는 말이 있다. 겨울에는 깊은 바다로 나가 바닥에 몸을 묻고 겨울잠을 자고, 봄에 연안으로 올라와 먹이활동을 한다. 오뉴월에 짝짓기를 하는데, 어릴 때는 수컷으로 자라다 크면 암컷으로 바뀌는 어류다.

통계마을에서 양태 큰 것 두 마리를 포함해 여섯 마리를 1만 원에 구입했다. 양태는 큰 것은 어른 팔 길이만큼 자란다. 손질을 하지 않은 상태이기는 하지만 가격이 착했다. 손질을 할 때 등지느러미 앞쪽 가시를 조심해야 한다. 매우 날카로운데 평소에는 접혀 있다가 잡으려면 지느러미를 세우니 낭패를 볼 수 있다.

거제 견내량 미역과 선유도 양태가 만났다. 남해와 서해의 만남 때문인지 미역국 맛도 좋았다. 양태는 비린내도 거의 나지 않는다. 따뜻한 국물이 생각날 때 양태미역국이 좋다.

양태미역국

곰소 젓갈백반

갯벌의 어패류와 천일염이 만들어낸
밥도둑 한 상

　　'밥도둑'은 "일은 하지 않고 놀고먹기만 하는 사람"이나 "입맛을 돋우어 밥을 많이 먹게 하는 반찬"을 이르는 말이다. 앞의 밥도둑은 먹고살기 어려웠던 시절에는 눈총을 받았다. 그런데 지금은 오히려 밥을 먹지 않아서 걱정이다. 뒤의 밥도둑이 필요한 시절이다. 요즘은 집밥보다 식당 음식을 좋아하고, '맛 좋고(good), 깨끗하고(clean), 공정한(fair)' 식재료로 조리하는 '슬로푸드slow food'보다 가공된 패스트푸드를 즐겨 먹는다. 이러한 식문화 변화는 쌀과 천일염이 제값을 받지 못하는 한 원인이기도 하다. 그래도 안심인 건 슬로푸드 가운데 입

+
전라북도 부안군 진서면 곰소항 | 사시사철 | 곰소시장, 곰소염전

맛 돋우는 밥도둑이 있기 때문이다. 젓갈은 입맛을 돋우는 밥도둑으로는 으뜸이다. 이탈리아에서는 빵 위에 안초비를 올려서 먹는다는데, 우리 밥도둑과 같은 역할을 하니 '빵도둑'이다.

전라북도 부안에는 이 밥도둑으로 상차림을 하는 젓갈백반이 있다. 곰소항 근처 한 식당에서 밥상을 받아보니 토하젓, 갈치속젓, 청어알젓, 바지락젓, 비빔낙지젓, 명란젓, 창란젓, 낙지젓, 가리맛젓, 꼴뚜기젓, 오징어젓, 어리굴젓, 새우젓, 밴댕이젓 등 그 가짓수를 두 손가락으로도 다 꼽기 힘들다. 민물새우 토하젓과 러시아산 명태알을 제외하면 대부분 서해에서 나는 것들이다.

갯벌이 발달한 서해에는 어패류가 풍성하다. 더구나 곰소는 일찍부터 소금밭을 일궜던 곳이다. 곰소항은 부안 땅과 산, 바다에서 나는 물산이 모이고 나가는 포구였다. 점토질 갯벌이 발달하고 조석 간만의 차가 커서 조선시대부터 소금을 많이 생산했다. 일제강점기에 웅연도라 불리는 섬에 제방을 쌓아 염전을 만들었다. 이때 만들어진 염전 중 지금까지 3대에 걸쳐 소금밭을 일구는 곳이 곰소염전이다. 곰소만에서 얻은 어패류가 그곳 갯벌이 내준 천일염을 만나 곰삭은 것이 곰소젓갈이다. 젓갈은 김장을 하거나 국을 끓이거나 겉절이를 할 때 맛을 더

하는 역할을 하지만 그 자체로도 훌륭한 반찬이다. 젓갈은 목포, 신안, 영광, 강경, 광천, 소래, 김포, 강화, 인천 등 서해 여러 포구에서 판매하고 있다. 이들 지역 중 오롯이 젓갈백반으로만 상차림을 하고 있는 곳은 부안 곰소가 유일한 듯하다.

부안군 곰소항의 한 식당에서 만난 젓갈백반

西海

백합죽

이제는 사라진,
그리운 새만금갯벌의 맛

"죽 한 그릇 먹는데 바지락국에 반찬 좀 봐유. 전라도 맞구먼." 함께 간 이가 아침 백합죽과 찬을 보고 입이 떡 벌어졌다. 배추김치와 무김치는 기본이고, 호박나물에 오징어젓갈, 멸치볶음, 우무까지 더했다. 여기에 입에 착 감기는 바지락국이라니 더 할 말이 없다. 화려함보다 맛으로 평가받겠다는 주인장의 의지가 엿보인다. 그런데 백합죽 앞에서 한동안 수저를 들지 못했다. 채석강에서 백합을 만나니 만감이 교차했다. 부안이란 이름만 들어도 생각나는 조개다. 가을 백합은 유독 굵었다. 눈을 감아도 '그레'를 들고 갯벌을 긁어 백합을 캐는 어머

+
전라북도 부안군 변산면 격포리 채석강 | 사시사철

님들 얼굴이 떠올랐다. 벌써 20여 년이 되었다.

새만금은 부안에서 군산에 이르는 대한민국 최대 하구갯벌 지역이었다. 유네스코 세계자연유산으로 널리 알려진 북해 바덴 해의 전문가들조차 감탄을 했다. 일본의 연구자들은 매년 새만금을 방문해 모니터링하고 연구를 발표했다. 저명한 철새 연구자들은 호주와 시베리아를 오가는 많은 도요물떼새가 새만금을 찾고 있다며 꼭 보전되어야 한다고 입을 모았다. 그랬던 새만금이다.

새만금의 어머님들은 평생 다른 곳을 기웃거리지 않고 백합 캐는 그레 하나로 자식을 키웠다. 바다를 잃은 갯벌에 하얀 소금이 올라오듯, 어머님들 머리에 백발이 내렸다. 백합만 사라진 것이 아니다. 활기 넘치던 어촌도 사라졌다. 아직 손을 놓을 수 없는 사람들은 새로운 일터를 찾아 고향을 떠났다. 백발의 노인들은 힘을 잃고 허드렛일을 찾아 이곳저곳을 기웃거린다. 새만금갯벌은 그레를 들 힘만 있으면 퇴직 없이 일할 수 있는 직장이었는데, 연금이나 통장처럼 매일매일 찾아 먹던 그 갯벌이 사라지고나니 이러한 풍경만이 남았다.

부안 여행은 언제나 내변산과 외변산을 둘러보고 백합죽으로 마무리했다. 새만금의 백합은 만경강과 동진강이 키우고 변산이 길렀다. 그 강은 병들고 갯벌은 사라졌

西海

다. 백합도 새들도 사라졌다. 집집마다 몇 개씩 걸려 있는
그레는 녹이 슬었다. 어민들 생전에 다시 그레를 들고 갯
벌로 나갈 수 있을까. 계화도 어머님이 끓여준 백합죽이
그립다.

백합죽

만돌마을 뻘밥

김발 포자 붙이기 날 먹은
망둑어전

西海

+

전라북도 고창군 심원면 만돌리 | 10월 김발고사 | 어촌체험마을

들에서 일을 하다 먹는 밥을 '들밥'이라고 한다. 그럼 갯벌에서 일을 하다 먹는 밥은 무슨 밥이라 해야 할까. '뻘밥'이다. 전라도에서는 갯벌을 '뻘'이라 한다. 들밥과 마찬가지로 뻘밥도 꿀맛이다. 이번에 맛본 뻘밥은 그냥 새참이 아니다. 김 양식을 하는 어민들이 포자 붙이기 시설을 다 마친 후 풍년을 기원하는 의미도 담았다. 김 종자에 해당하는 포자를 김발에 붙이는 일은 양식의 성패를 결정할 만큼 중요하다. 지금처럼 인공포자가 개발되어 육상에서 김발에 포자를 붙이기 전에는 오로지 바다에서 자연포자에 의지했다. 이 과정에서 어민들은 설치한 김발에 포자가 잘 붙기를 기원하는 '김발고사'를 지내기도 했다.

만돌마을은 매년 10월 첫 조금에 김발 포자 붙이기를 한다. 이때 40여 어가가 참여해 고창수협에서 준비한 김 양식 풍년 기원제를 개최하고 있다. 경운기와 트랙터에 준비한 김발을 실고 양식장으로 출발한다. 포자를 붙이는 일은 빠진 바닷물이 다시 들기 전에 해야 해서 손이 많이 필요하다. 주민들은 서로 돕고, 도시로 간 가족들도 참여해 일을 한다. 일을 마치면 준비한 음식을 차려놓고 고사를 지낸 후 음식을 나눈다.

이날 만돌에 사는 김성배·고란매 부부가 준비한 음식은 국과 밥, 돼지머리, 나물, 과일, 생선, 술, 음료였다. 갯벌 위에서 지내는 고사라 간단하게 김 양식이 잘되기를 바라는 비손과 고수레로 대신했지만 정성만은 가득했다. 주민들에게 가장 인기 있는 음식은 망둑어전이었다. 전날 건강망으로 잡은 망둑어로 준비했다. 주민들이 즐겨 먹었지만 요즘은 잡는 사람이 적고 번거로워 밥상에서는 맛보기 힘들었다.

포자가 김발에 잘 붙으면 겹겹이 묶인 김발을 나누어서 각각 양식장에 김발을 맨다. 그리고 이후 50여 일이 지난 11월 말쯤이면 첫 김을 맛볼 수 있다. 고창갯벌은 2021년 '갯벌, 한국의 조간대'라는 이름으로 서천갯벌, 신안갯벌, 보성-순천갯벌 등과 함께 유네스코 세계자연유산에 등재되었다. 그 갯벌에서 생산되는 '지주식 김'이다. 햇볕에 노출되는 시간이 길어 생산량은 적지만 풍미가 좋은 김이 생산된다. 게다가 양식 과정에 염산이나 유기산을 쓰지 않은 무산無酸 김이다.

갯벌 위 경운기에 차려진 김발고사 상차림

+

만돌마을
김농사철

"서해 용왕님, 너울너울 김발에 포자도 잘 붙어 올해 김 농사 풍년 들게 해주세요."

만돌마을 어머님이 서해 용왕님에게 비손을 하며 큰 절을 올렸다. 마을에 굴뚝 만 개가 솟아 흥할 곳이라 '만돌'이라는데, 굴뚝 대신 갯벌에 꽂은 지주가 만 개는 될 것 같다. 풍어제를 마친 어민은 김발을 실은 경운기를 몰고 바다로 향했다. 갯벌을 지나 앞바퀴가 잠길 정도까지 들어간 후 멈추고 김발을 내렸다. 바닷물이 허리춤을 넘어 가슴까지 올라왔다. 그제야 어민들은 김발을 펼치고 줄을 당겨 기둥에 묶었다. 오전 11시에 시작한 작업은 오후 2시가 넘어서 끝났다. 어민의 정성과 서해용왕의 음덕으로 열흘 정도 지나면 붉은색 포자가 김발에 엉겨 붙을 것이다. 달포(50여 일)가 지나면 첫물 김을 수확한다.

《동국여지승람》의 기록에 따르면, 김의 주요 생산지는 전라도, 경상도, 충청도 일대 21개 군현에 이른다. 《자산어보》에서는 김을 '자채', 속명은 '짐'이라 했다. 김 양식에는 조류의 순환이 원활하고 담수가 적당히 유입되는 파도가 적은 내만이 적지다. 지금도 낙동강, 영산강, 금강, 한강 등 하구역과 다도해 연안에서 양식을 많이 한다.

만돌마을에서 하는 김 양식을 '지주식'이라 한다. 이와 달리 양식 기술의 발달과 내파성 시설들이 개발되면서 깊은 바다에서 대규모로 양식하는 부유식이나 세트식도 있다. 만돌의 김농사도 옛날보다 시설이나 가공방법이 개선되었지만, 물때에 따라 바다에 잠기고 바람에 씻기고 햇볕에 노출되며 자라는 방식은 예나 지금이나 변함없다.

막 구운 김에 흰쌀밥을 올려 조선장에 찍어 먹던 그 맛은 진수성찬이 부럽지 않았다. 쌀도 귀하고 김은 더 귀했던 시절의 이야기다. 명절에 세찬歲饌으로나 겨우 밥상에서 구경할 수 있었다. 김 한 장을 나누는 것도 격식이 있었다. 할머니는 4등분, 아버지는 6등분 그리고 우리는 수저를 덮을 정도로 잘게 찢어서 나누어 주었다. 나이 드신 분들이라면 누구에게나 이런 김과 얽힌 추억 하나쯤은 간직하고 있다. 이제 그 김이 아시아를 넘어 미국과 유럽으로 수출되고 있다. 수산물 한류 1호다.

지주식 김 양식

심원 동죽김치찌개

세계자연유산 갯벌이 내준
동죽의 묵직하고 강한 감칠맛

西海
〰〰〰

+

전라북도 고창군 심원면 | 만돌마을과 하전마을 갯벌의 동죽
동죽 캐기 체험 추천

김치는 그 자체로 완성이지만, 기꺼이 제 몸을 던져 새로운 음식을 만드는 것도 마다하지 않는다. 김치찌개가 대표적이다. 김치찌개는 김치에 국물을 바특하게 잡아 고기, 채소, 두부 등을 넣고 양념을 하여 끓인 것이다. 고기는 돼지고기를 많이 넣지만 고등어 등 생선을 넣기도 한다. 참치나 꽁치, 정어리 등이 통조림으로 만들어지면서 생선을 넣은 김치찌개도 사랑을 받고 있다.

고창군 심원면에서는 여름에 동죽을 넣고 김치찌개를 끓이기도 한다. '맛의 감초'라는 별명이 붙은 동죽과 잘 익은 묵은 김치가 어울렸으니 그 맛이야 더 말할 필요가 없다. 동죽은 개량조갯과에 속하는 조개로, 각정부가 크고 높다. 그래서 바지락보다 많은 육즙을 몸에 품을 수 있다. 하지만 그 때문에 상온에서 쉬 상할 수 있어 가정용 젓갈로 많이 이용하나, 신선할 때는 어느 조개도 따라올 수 없는 맛을 제공한다. 모래가 많은 조간대 갯벌에서 자라며, 바지락보다 깊은 곳에 서식한다. 갯벌에 서식하는 조개들이 다 그렇듯이 적당한 육수(민물)가 공급되어야 잘 자란다. 가뭄이 심하면 동죽도 바지락도 흉년이다.

요즘 물총칼국수(동죽칼국수)를 전문으로 하는 식당이 증가하면서 고창동죽을 찾는 사람이 늘어나고 있다. 덕분에 바지락에 견줄 만큼 가격이 올랐다. 동죽은 바지락보다 빨리 성패로 자라므로 경제성은 좋지만 서식지가 까다로운데, 심원면 만돌마을과 하전마을 갯벌에서 동죽이 잘 자란다. 동죽은 해감을 할 때 바지락보다 신경을 더 써야 한다.

동죽칼국수를 하는 집은 많지만 동죽김치찌개를 하는 집은 드물다. 만돌마을 한 식당 마당에 주민 세 분이 아침에 캐온 동죽에서 살을 꺼내는 중이다. 덕분에 식단에 없는 동죽김치찌개를 맛볼 수 있었다. 심원면의 한 식당(수궁회관)은 동죽 철에 미리 예약하면 김치찌개를 끓여주기도 한다. 돼지고기를 넣은 김치찌개와 달리 부담스럽지 않으면서도 맛은 묵직하고 감칠맛이 강하다. 만돌마을은 어촌체험마을로 지정되어 동죽을 캐는 체험을 할 수 있다.

西海

△ 고창갯벌 동죽

▽ 동죽김치찌개

+

물총칼국수
단상

칼국수의 변신은 끝이 없다. 콩칼국수나 바지락칼국수는 고전이다. 곡물로는 팥과 들깨가 익숙하고 구기자까지 등장했으며, 해물은 백합, 홍합, 보말 등 패류 외에 낙지와 주꾸미도 이용한다. 제주에서는 해안마을에서는 보말을, 중산간에서는 꿩고기를 이용하기도 했다. 요즘은 물총칼국수가 인기다.

물총은 입수공으로 바닷물을 마신 후 출수공으로 물을 뱉어내는 모습이 물총을 쏘는 것 같아 동죽에 붙여진 별명이다. 이때 아가미로 플랑크톤을 여과해 섭취하며 바닷물을 정화한다. 동죽은 백합과 함께 부안, 김제, 군산을 아우르는 새만금갯벌에 대량으로 서식했다. 지금은 전라북도 곰소만과 충청남도 서산과 태안 일부 지역, 옹진군의 주문도, 볼음도, 장봉도 등에서 생산된다. 동죽은 백합이나 바지락에 비해 값이 저렴하고 성장이 빠르고 개체 수가 많다. 또한, 조개 안에 많은 물을 품고 있어 국물이 시원하며 살이 부드럽다. 동죽이 많이 생산되는 곰소만 만돌마을 주민들은 일찍부터 동죽칼국수를 즐겨 먹었다. 비싼 백합이나 바지락은 팔고 동죽은 젓갈을 담거나 칼국수를 만들어 먹었다. 각종 개발로 바지락 생산량이 감소하고 가격이 오르자 동죽이 대체용으로 투입되었다.

대전, 서울, 부산 등 전국에 유명한 물총칼국수집이 많다. 특히 한국전쟁 직후 식량원조용 밀이 유통되었던 대전은 제분공장도 많아 일찍부터 칼국수가 발달했다. 수입 밀이 들어오면서 칼국수가 서민 음식으로 자리를 잡았지만, 우리밀밭은 사라졌다. 이제 우리밀 자급률은 1퍼센트에도 미치지 못한다. 새만금갯벌이 건강할 때, 부안에서는 칼국수를 만들 때 백합을 이용했다. 이제 바지락에서 동죽으로 바뀌고 있다. 그사이 우리 갯벌은 절반으로 줄었다. 백합은 수입에 의존하고, 바지락도 서식지가 줄어들어 수입량이 늘고 있다. 맛있는 물총칼국수를 보면서 자꾸 우리 갯벌이 떠오르는 것은 지나친 생각일까. 우리 갯벌이 위태롭다. 우리 바다가 아프다.

물총칼국수

칠산바다 유월병어

부드럽고 고소한 그 맛,
괜히 버터피시가 아니다

西海

+
전라북도 신안군 임자도 전장포~부안군 위도 | 6월 제철 | 병어*

유월에 병어보다 맛이 좋은 생선이 있을까. 부드러운 식감, 고소한 맛, 입안에서 살살 녹는다. 병어를 두고 '버터피시'라 부른 이유를 알 것 같다. 농어목에 속하는 바닷물고기로 서해와 남해에 서식한다. 그중 칠산바다에서 잡은 당일바리 병어를 최고로 꼽는다. 칠산바다는 신안군 임자도 전장포에서 부안군 위도에 이르는 해역이다. 한때 조기 파시가 형성되었던 황금어장이다. 당일바리는 '그날 잡아 온 생선'으로, 냉동하지 않아 신선하고 물이 좋은 생선을 가리킨다.

칠산바다는 모래와 갯벌이 적절하게 섞여 젓새우나 작은 어류들이 서식하기 좋은 생태환경이다. 그리고 이 해산물들은 병어가 가장 좋아하는 먹이들이다. 여름이 다가오면 깊은 바다에 머물던 병어들이 산란을 위해 칠산바다로 모여드는 이유다. 어시장에 가보면, 병어 앞에 놓인 '임자병어' '지도병어' '신안병어'라는 푯말을 종종 볼 수 있다. 임자나 지도는 신안군에 속하며 칠산바다와 접해 있다. 그러니 모두 칠산바다에서 잡는 병어를 일컫는다. 이곳에서는 유자망(조류에 따라 흘려보내는 그물)이나 닻자망을 놓아 병어를 잡는다. 안강망 등 다른 어법으로 잡은 병어에 비해 병어가 스트레스와 상처를 적게 받아 상등품으로 꼽힌다.

병어를 회로 먹을 때는 초장보다 된장이 좋다. 신안이나 영광에서는 '병어는 된장빵'이라고 한다. 유월이 제철인 햇감자나 햇양파를 바닥에 놓고 유월병어를 올려 조리한 병어조림은 더 말할 필요가 없다. 병어 값이 크게 올랐다. 20여 년 전 1킬로그램에 2,500원 정도 하던 것이 2020년 현재 2만 원에 이른다. 어획량은 크게 감소했지만 국내는 물론 중국에서도 우리 병어를 찾는 소비자들이 크게 늘었다. 중국 병어 수입상이 직접 산지까지 와서 중매인에게 구입을 부탁하고 있다. 지역에서나 먹던 값싸고 맛있는 병어는 옛말이다. 조금이라도 가격이 착한 병어를 원하면 물때에 맞춰 산지 어시장까지 직접 찾아 나서야 할 형편이다. 그물에 병어가 많이 드는 보름이나 그믐 어기에 맞춰 어시장으로 가보자.

물결이무침

김장보다 더 기다려지는
생새우무침의 맛

西海
~~~~

+
전라북도 영광군 염산면이나 백수읍 | 가을 제철
중하*, 백새우, 김장새우, 물결이

결혼을 하고 몇 년쯤 뒤였나, 처갓집에서 받은 밥상에 보지도 듣지도 못한 생새우무침이 올라왔다. 그 반찬을 '물걸이'라 불렀다. 금방이라도 튀어 오를 듯 싱싱한 생새우에다 고춧가루, 마늘 등 양념으로 버무린 즉석요리다. 오로지 찬바람이 나는 깊은 가을에 먹을 수 있는 맛이다. 영광군 염산이나 백수에서 즐겨 먹었다. 목포의 백반집에서도 간혹 내놓는 집이 있다. 김장용 젓갈을 준비하러 설도항(염산면)에 갔다가 눈 밝은 장모님에게 걸린 모양이다.

염산과 백수 사람들의 터전은 칠산바다다. 지금은 백수해안도로가 더 유명하지만, 과거에는 소금을 굽고 새우를 잡던 어촌이었다. 봄철이면 어김없이 조기가 올라왔고, 병어와 민어가 뒤따라왔다. 가을이 되면 전어와 꽃게로 그득했던 바다다. 모두 새우를 먹기 위해 찾아온 바다 손님들이다. 이곳에서는 물걸이를 '백새우'라고도 한다. 국립수산과학원 생물종 정보에 따르면 백새우는 '김장새우'와 함께 중하의 다른 이름이다. 중하는 젓새우보다 크지만 대하보다 작은 새우다.

물걸이는 영광 염산포구, 강화 외포, 인천 소래포구에서 가을에 잠깐 나타났다 사라진다. 발품을 팔아야 얻을 수 있다. 어부들은 새우를 잡기 위해 쪽잠을 자며 하루에 네 번 들물과 썰물에 그물을 턴다. 선주의 아내는 남편이 털어온 것 중에서 값이 좋은 꽃게나 서대는 수족관에 넣고 생새우는 골라서 팔았다. 생새우는 제값을 받으려면 소금을 뿌려 젓갈을 담기 전에 팔아야 한다. 대전에서 왔다는 손님이 반지, 황석어, 고노리(곤어리)에 눈독을 들이자 주인이 바로 천일염에 버무려 담아준다. 옆에 있던 남편이 잽싸게 비닐봉지를 내밀어 반지 몇 마리를 담는다. 저녁에 한잔하려는 것이다. 그 옆에 있던 노인도 생새우를 놓고 주인과 흥정을 한다. 물걸이는 이름에서 느낄 수 있듯이 싱싱하다. 영광에서는 김장할 때 비싼 오젓이나 육젓 대신 물걸이를 갈아 넣는다. 물걸이무침은 이때 바로 무쳐낸 것이다. 처갓집에서는 물걸이를 무쳐낼 때 묵은 김치를 송송 썰어 넣기도 한다. 김장보다 물걸이가 더 기다려지는 계절이다.

西海

△ 막 잡은 물걸이
▽ 물걸이무침

염산포구 중하젓

말린 중하는 조미에 최고,
중하젓은 씹는 맛까지 더해

만추가 다가오면 장모님은 늘 염산포구를 찾았다. 영광군 염산면 봉남리에 있는 작은 포구다. 새우젓으로 유명했던 낙월도와 가깝다. 장모님은 낙월도 주변 바다에서 잡은 생선을 팔아 육남매를 키우셨다. 그래서 생선과 젓갈을 고르는 눈썰미가 남달랐다. 특히 새우젓을 고를 때는 더 신경을 쓰셨다. 새우젓 중에는 몸값이 제일 높은 육젓이나 오젓도 있지만 김장철에는 추젓과 중하젓이 인기다. 남해에서는 김장에 멸치젓을 많이 이용하지만, 서해에서는 새우젓을 즐긴다. 장모님은 김장

+
전라북도 영광군 염산면 봉남리 | 가을 제철
중하*, 백새우, 김장새우, 물걸이

용으로 잡젓을 즐겼다. 그물에 잡힌 여러 생선을 종류별로 고르지 않고 천일염을 넣어 만든 젓갈이라 값이 쌌지만 삭혀 먹는 김장용으로는 더 좋았다. 그리고 따로 중하젓을 사셨다.

중하는 젓새우보다 크고 대하보다 작다. 말린 중하는 볶음이나 국물용으로 좋다. 이때 통째로 넣어도 좋지만 갈아서 미역국에 넣으면 조미에 최고다. 특별한 맛은 역시 젓갈이다. 오젓이나 육젓은 감칠맛은 탁월하지만 작아서 씹는 맛을 느낄 수 없다. 하지만 중하는 씹는 맛이 더해져 장모님이 좋아하셨다.

중하는 한강 하구와 영광의 칠산바다에서 많이 잡힌다. 산지와 가까운 목포, 신안, 영광, 강화 등에 시장이 있다. 염산은 작은 포구지만 직접 잡은 새우를 천일염에 버무려 판매하는 곳이다. 배가 들어오면 펄떡펄떡 뛰는 생새우를 살 수도 있다. 안강망 그물을 이용해서 잡는 새우들이다. 한강 하구 김포의 전류리나 대명, 강화의 외포나 후포에서도 볼 수 있다. 맛있는 김치를 담그려는 주부들은 직접 포구까지 가서 생새우를 구입하기도 한다. 중하는 젓새우처럼 전문 새우잡이 배가 새우 어장을 따라 이동하면서 잡는 것이 아니라, 한곳에서 그물을 넣어두고 기다렸다 잡는다. 전류리에서는 그 그물에 봄철에는 귀한 황복도 들어온다. 또한, 달콤한 웅어와 쫄깃한 숭어도 잡힌다. 가을에는 전어가 올라오기도 한다. 며칠 전 장모님 대신 아내가 친구와 함께 염산을 찾았다가 중하젓 한 통을 사 왔다. 조물조물 양념을 해서 무쳐 내놓았는데 밥반찬으로 부족함이 없다. 아이들이 좋아하는 삼겹살이나 빵에 올려 먹으니 별미다.

칠산바다에서 중하를 잡아 오는 배

西海

새우젓호박잎쌈

입맛 없는 여름철,
간편하게 밥맛 돋우는 최고의 밥상

먹을 것도 마땅찮고, 잠자리는 더욱 불편하다. 산골마을 살 때다. 내놓을 찬이 없을 때 어머니는 텃밭에서 노란 호박꽃 속에서 연한 잎을 뜯어 오셨다. 오는 길에 솔(부추)도 베어 왔다. 호박잎은 줄기의 껍질을 벗기면 잎에 있는 거친 부분까지 쉽게 벗겨진다. 밥을 지을 때 올리거나, 물을 넣고 위에 그릇을 올려 살짝 쪘다. 그사이 부추를 썰어 양념장을 만드셨다. 호박잎쌈은 찬밥이 더 좋다. 호박잎에 밥 한술 올리고 양념장을 곁들여 싸 먹었다. 양념장을 만들 시간이 없으면 된장을 올리고 고추를 잘라 더했다. 결혼한 뒤로는 양념장 대신 새우젓

+
전라북도 영광군 | 6월 제철 | 젓새우*

을 올린다. 아내가 준비한 새우젓은 육젓이다. 유월에 잡힌 크고 통통하며 뽀얀 젓새우로, 젓새우 중 값이 가장 비싸다.

어민들은 육젓 새우는 잡는 것이 아니라 손으로 만든다고 한다. 낮은 물론 밤에도 조류를 따라 이동하다 그물에 걸린 새우를 네 시간마다 털어야 한다. 덕분에 여름내내 바다에서 쪽잠을 자야 한다. 잡는 것보다 더 힘든 것은 함께 걸린 잡어나 다른 새우를 걸러내고 육젓 새우만 추려내는 일이다. 그릇에 담아 80여 차례를 흔들어 골라내고, 기름새우나 멸치나 까나리를 다시 추려낸다. 이렇게 세 차례에 걸쳐 두 시간 정도 선별해야 한다. 그리고 육젓 새우와 천일염을 3대 1로 섞어 만든다. 바닷물보다 짠 물에 하루 종일 손을 담가야 하니 손이 부르트고 어깨는 무너진다. 두어 시간 눈을 붙이면 다시 조업을 알리는 부저가 울린다. 육젓은 이렇게 만들어진다. 비쌀 수밖에 없다.

비싸니 맘 놓고 쓸 수 없고, 국이나 찌개를 끓일 때 조미용으로 넣는다. 육젓에 고춧가루 약간과 참기름을 넣는다. 입맛 없는 여름철에 간편하게 만들어 밥맛을 돋우는 최고의 밥상이다. 아내가 어렸을 때 장모님이 갑자기 찾아온 손님에게 내놓은 밥상이라고 한다. 새우젓의 고장 영광에서 자란 까닭에 그 맛을 기억한 것이다. 양념 장에 익숙한 산골아이도 이제 호박잎쌈에는 새우젓을 찾는다. 올 여름에도 몇 차례 새우젓호박잎쌈으로 점심을 해결했다.

새우젓호박잎쌈

육젓을 경매하는 모습

송이도 가을밥상

맛도 재미도 행복도 가득한
맛등 체험과 밥상

봄에 산에서 채취한 두릅, 오가피, 머위순
은 삶고 무치고 절였다. 갯바위에서 뜯은 우뭇가사리로
만든 우무에는 양념장을 올렸다. 갯벌에서 잡아 해감한
동죽은 새콤하게 무쳤다. 귀한 백합은 맑게 탕으로 내놓
았다. 칠산바다에서 그물을 놓아 잡은 농어와 백조기회
는 특별주문이다. 지난 주말 손맛 좋은 김천댁이 내놓은
송이도 가을밥상이다.

송이도는 전라남도 영광군 낙월면에 있는 섬이다.
모두 50여 가구에 100여 명이 살고 있다. 송이도의 마스
코트인 마을 앞 하얀 조약돌은 언덕을 이루며 파도를 막

+
전라북도 영광군 낙월면 | 배편 운항 | 맛등 갯벌체험 | 맛조개*

아준다. 한때는 봄철 조기 우는 소리에 잠을 잘 수 없었다는 섬이다. 옛날에는 참고래가 오갈 만큼 수심도 깊고 생태계도 건강했다. 지금은 조기도 사라졌고, 부세도 구경하기 힘들다. 그래도 봄에는 병어와 꽃게, 여름에는 민어, 가을에는 문어와 꽃게를 잡고, 갯벌에서는 조개를 캔다.

주민의 안내로 고개 너머 '맛등'으로 갯벌체험에 나

송이도 가을밥상

섰다. 맛이 좋고 큰 맛조개가 많이 나와 지명이 '맛등'이 된 모래갯벌이다. 바닷물이 빠지면 10리나 떨어진 대각이도까지 모래밭이 펼쳐진다. 경운기를 타고 이동할 수 있을 정도로 단단하다. 김 양식을 하면서 사라졌던 백합이나 맛조개 등 조개들이 양식을 멈춘 후 다시 나타나기 시작했다. 덕분에 겨울에도 뭍으로 나가지 않고 맛조개를 캐느라 더 바쁘다. 김천댁이 내놓은 동죽무침이나 백합탕도 모두 이 맛등에서 캔 것들이다. 보리와 고구마를 심어 보릿고개를 넘겼던 밭은 모두 묵히고 있지만, 바다 밭은 주민들의 생계를 책임지는 효자 노릇을 하고 있다.

송이도에서는 여행객에게도 체험장소를 제공해주고 있다. 엄마는 동죽을 캐느라 정신이 없지만, 아이들은 조개보다는 갯벌에 털썩 주저앉아 조물조물 소꿉놀이가 더 재미있다. 그런데 체험하는 여행객 중에 욕심을 부리는 사람이 있다. 주민보다 많이 조개를 캐 오는 이들이다. 맛등은 송이도 주민들의 공동텃밭이다. 조개가 더 필요할 때 주민들에게 구입하면, 맛등도 건강한 생태계를 유지할 수 있다. 김천댁의 맛있는 밥상도 계속될 것이다. 조개 캐는 대신 끝없이 펼쳐진 모래갯벌을 걷는 것만으로도 행복하다.

가거도 삿갓조개탕

국물이 그리워질 때 찾는
시원함의 절정

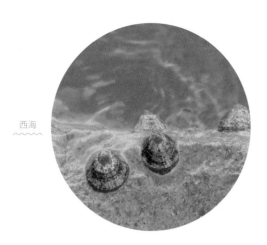

西海

+

전라남도 신안군 흑산면 가거도 | 배편 운항 | 가을 제철
전라남도 무안군 삼향읍 남악에서도 삿갓조개탕
애기삿갓조개*, 배말, 따개비

가을이다. 국물이 그리워지기 시작하는 계절이다. 산골에서는 개울가에서 잡은 다슬기로, 갯마을에서는 갯고둥에 된장을 풀어 국물을 만든다. 가거도처럼 거친 바다에 돌섬이 아니면 버티기 힘든 곳은 어떨까. 그곳에 있는 높이 639미터의 독실산 봉우리는 다도해해상국립공원에서 최고봉이다. 이곳에서 시원한 국물은 배말이 만들어낸다. 삿갓조개(애기삿갓조개)다. 조도군도에서 만난 맹골도와 독거도에서도, 동해를 지키는 울릉도에서도 삿갓조개는 요긴한 식재료. 무안군 남악에는 가거도에서 조개를 가져와 듬뿍 쏟아 부어 조개탕을 끓여내는 집(가거도맛집)이 있다.

삿갓조개는 갯바위에 붙어 사는 복족류다. 거친 파도에 휩쓸리지 않고, 썰물에 햇볕에 견딜 수 있도록 조간대 상부에 몸을 딱 붙이고 삿갓 모양의 껍질을 뒤집어썼다. 삿갓의 높이라고 해야 1센티미터 내외, 너비와 폭도 큰 것이 3센티미터 정도다.《자산어보》는 흑립복, 백립복, 오립복, 편립복 등으로 구분하고, "살은 전복과 비슷하지만 둥글고, 전복처럼 납작해서 돌에 붙는다."고 했다. 소라나 피뿔고둥 등 고둥류와 달리 움직임을 관찰할 수 없는 고착생물이다. 그렇다고 촉수를 내밀어 부유성 생물을 잡아먹는 것도 아니다. 이들은 점액질을 분비해 아주 느리게 움직이며 바위에 붙은 아주 작은 미세조류 '규조류'를 갉아 먹는다. 삿갓조개가 남기고 간 점액질을 좋아하는 규조류가 다시 모여드니 주변을 맴돌며 먹이활동을 하는 것이다.

섬 주민들은 물이 빠진 갯바위에 몸을 찰싹 붙이고 다음 물때를 기다리는 삿갓조개를 무딘 칼로 채취한다. 삿갓조개로 된장국을 끓이고, 삶은 삿갓조개 살에 부추를 썰어 넣고 무쳐 반찬으로 내놓기도 했다. 울릉도 등 경상북도에서는 '따개비'라고도 부른다. 따개비칼국수는 배말을 넣고 끓인 것이다. 가거도가 고향인 안주인은 섬 주민들에게 부탁해 채취해 온 삿갓조개, 홍합, 문어 등으로 상차림을 한다. 여기에 불등가사리를 넣었다. 가사리는 오래 끓이면 녹아서 흐물흐물해지므로 마지막에 살짝 넣어 먹어야 한다. 삿갓조개의 육질에 가사리 같은 해조류가 잘 어울린다. 마치 쇠고깃국에 무를 넣어 시원함을 더하는 것 같다.

△ 삿갓조개

▽ 삿갓조개탕

화도 장어탕

일 년 내내 섬살이에 보탬 되는
효자 보양식

　　　　　여름으로 가는 길목이다. 기다렸다는 듯
이, 6월에 접어들면서 햇살의 느낌이 달라졌다. 올여름
에는 폭염이 길어질 것이고, 집중호우까지 예상하고 있
다. 기후위기가 낯설지 않다. 올여름을 잘 나려면 이맘때
몸을 잘 추슬러야 한다. 규칙적인 운동과 함께 좋은 음식
도 챙겨 먹어야 한다. 이 무렵 보양식으로 갯장어를 찾는
사람이 많다. 여름에 큰 대접을 받는 갯장어와 달리 일 년
내내 보양식으로 큰 역할을 하고도 제대로 평가를 받지
못하는 장어가 붕장어다.
　　《자산어보》에서는 큰 장어라 해서 '해대려海大鱺'라

+
전라남도 신안군 증도면 대초리 | 사시사철 보양식 | 붕장어*, 해대려

하고, 속명은 '붕장어'라 했다. 제대로 자라면 갯장어나 뱀장어보다 크기 때문에 붙여진 이름이다. 우리 민족이 옛날부터 장어를 즐겨 먹었던 것은 아니다. 조선시대 양반들은 보양보다는 어류의 모양이나 뜻을 더 중시해서, 뱀을 닮은 장어를 가까이 하지 않기도 했다. 일제강점기 이후 어획량과 소비량이 크게 늘어났다. 최근까지 국내 소비보다 일본 수출이 더 많았다. 특히 일본의 초밥용 붕장어로 남해에서 잡은 것이 인기다.

붕장어는 흑산도, 기장, 통영, 여수, 제주 등 모든 바다에 서식한다. 붕장어는 뱀장어나 갯장어에 비해 싸고 양도 많아 탕으로 인기다. 장어탕은 통영이나 기장이 유명하지만 신안군 도초면 화도 장어탕도 빠지지 않는다. 화도는 섬이었다. 불을 피워 나룻배를 불렀던 섬이라 불섬이라고도 불렀다. 흑산도를 오가는 여행객들이 들렀다가는 곳이며, 흑산도나 칠발도 앞 큰 어장으로 나가는 길목이다. 이곳 어장은 펄과 모래가 섞여 있어 장어가 좋아하는 서식처다.

화도에는 장어를 잡아 생활하는 어부들이 산다. 그곳에 장어탕을 끓여주는 식당이 몇 집 있다. 여행객의 호주머니를 탐하는 그런 식당이 아니다. 소금 외에 대파농사와 시금치농사로 사철 바쁜 도초도와 비금도 주민이 많이 찾는다. 이곳 어부들은 멸치, 전어, 정어리 등을 미끼로 여러 개의 낚시를 줄에 매달아 장어를 잡는다. 이를 '장어 주낙'이라 한다. 노부부가 감당할 만큼 작은 배를 가지고 나가 당일 잡아 오는 장어들이다. 밤에 활동하는 장어를 잡기 위해서는 신새벽에 나가 조업해야 해서 이 일도 노부부에게는 버겁다. 그래도 장어로 일 년 내내 섬살이를 할 수 있으니 여름철에 잠깐 얼굴 내미는 갯장어보다 붕장어가 효자다. 마치 명절에 와서 용돈 주고 가는 자식보다 부모 곁에서 묵묵하게 도와주는 자식처럼.

붕장어탕

우이도 돈목마을 섬밥상

대를 이어 스무 해 넘게 인연 맺어온
섬 맛과 섬사람

"저 박사님 밥 주지 말쇼." 생선구이를 밥상 가운데 놓고 돌아서던 한 씨가 한마디 툭 던지고 주방으로 들어갔다. 경상도 사내 뺨칠 정도로 무뚝뚝한 그녀가 반가워서 하는 환영 인사다. 몇 해 동안 찾지 못하다가 오랜만에 왔기 때문이다. 한 씨는 우이도 돈목에서 태어나 외지에서 생각지도 않게 같은 마을 사내와 눈이 맞아 고향으로 들어와 섬살이를 다시 시작했다. 무슨 수를 써서라도 섬 밖으로 내보내려 했던 부모의 반대는 오죽했을까. 한 씨는 찾아오는 손님들 밥을 챙기느라 앉아 있을 시간이 없다. 평소에도 일식집 사장, 백반집 아낙, 펜션

+
전라남도 신안군 도초면 | 배편 운항

사장, 건어물 상인, 조개를 캐고 미역을 따는 어부로 섬살이를 하고 있다. 남편 박 씨도 국립공원 구역에 있는 모래산 지킴이, 여객선 선표 판매원, 물고기를 잡는 어부, 그리고 주말이면 주방보조로 살고 있다. 절해고도에서 사람 노릇 하려면 일인다역은 기본이다.

이들 부부와 인연을 맺은 지도 스무 해가 되어간다. 작고하신 아버지도 그녀가 손수 마련한 밥상을 받았고, 어머니는 두 차례나 밥상머리에서 마주했다. 우이도가 우리 가족여행의 성지가 될 수 있었던 것은 8할이 그녀의 손맛 때문이다. 이번에도 기대 이상이었다. 밥상 가운데는 농어구이, 그 옆에는 모래밭에서 캐 온 조개로 끓인 맑은 조개탕이 자리를 잡았다. 아울러, 바위에서 뜬 돌김구이, 미나리갑오징어무침, 머위나물, 황석어조림, 고사리나물, 조개젓, 고추장아찌, 김자반이 놓였다. 몇 년 전에도 어머니와 아내는 밥을 두 그릇이나 비웠고, 아이들도 탄복했던 밥상이다.

이 모든 재료는 마을 텃밭, 바다, 갯밭에서 얻은 것들이다. 농어, 우럭, 민어, 장대 등 생선은 정치망(물고기가 다니는 길목에 어망을 닻으로 고정시켜 잡는 그물)으로 잡아 말린 것이다. 바지락 대신 모래밭에 서식하는 비단조개를 조개탕과 조개젓, 칼국수 등에 이용했다. 동해에 흔한 조개지만 우이도처럼 서해 먼바다 모래해변에서도 볼 수 있다. 빨랫줄에 걸린 생선도 여유롭다. 돈목마을에서 몰랑고개를 넘으면 손암 정약전이 유배생활을 하다 눈을 감은 진리마을이 있다. 조선시대에 최장 시간과 거리를 표류한 홍어장수 문순득이 태어난 마을이기도 하다.

우이도 돈목마을 섬밥상

+

소금농사꾼의
겨울

　　입춘 이후 날씨가 한겨울로 역주행하고 있다. 그동안 날
이 따뜻했던 탓인지 체감온도는 더 낮다. 바닷가는 오죽할까. 전라남도 신안군
신의면 상하태도上下苔島. 전국 1,000여 소금밭 중에서 230여 개가 있는 소금
섬이다. 소금밭 주인 박 씨가 두툼한 누비바지와 아들 점퍼까지 내놓으며 "(풍
랑)주의보 떨어졌응께, 나갈 생각이랑 말고 소금밭이나 가쇼."라고 했다. 하필
그날 기온은 영하로 떨어지고 바람도 거셌다. 이런 날씨에도 염부들은 겨울땀
을 흘리며 소금밭을 일군다.

　　염전에서는 겨울철에 할 일이 없을 거라고 생각하는 사람이 적지 않다. 햇볕
좋은 날 염전에 바닷물을 넣어두면 소금이 절로 되는 것 아니냐는 것이다. 그렇
게 쉬운 거면 '농사'라는 말도 붙지 않았겠지···. 겨울이 되면 우선 염전을 갈아엎
고 흙을 부수고 말린 뒤, 바닷물을 집어넣는다. 못자리처럼 써레질을 하고 물을
뺀 다음, 바닥을 다져 농사를 준비한다. 이후 땅에 온기가 오르고 남풍이 불기

시작하면, 바닷물을 증발시켜 소금을 만들기 시작한다. 염부들은 기온이 오르기 시작하면 바닷물을 염전으로 끌어들여 염도를 높인다. 짠물을 더 짜게 만드는 것이다. 바닷물 염도는 보통 3도 정도다. 염부들은 이를 25도 이상으로 끌어올려 소금을 만든다. 그러는 사이 소금밭 농부들은 무너진 고랑도 보수하고, '해주' 바닥에 쌓인 흙도 파낸다. 해주는 '짠물'을 보관하는 창고다. 3월 말부터 기온과 땅의 온도가 오르면 해주에 보관한 짠물을 염전에 옮겨 본격적인 소금 만들기가 시작되는 것이다.

이러한 모든 과정을 소금 생산자들은 '동계 작업'이라고 한다. 운동선수들이 비시즌 훈련을 잘 마쳐야 시즌에 좋은 성적을 낼 수 있듯이, 염부도 좋은 소금을 만들려면 동계 작업을 착실하게 해야 한다. 내가 먹는 소금, 손자가 먹을 소금이라야 소비자에게 권한다는 소금농사꾼 박 씨의 30년 철학이다.

신안의 염전 풍경

+
영산도의
우선멈춤

쾌속선으로 흑산도까지 두 시간을 달려 다시 배를 갈아 타고 10여 분을 더 가야 닿는 작은 섬 영산도. 많이 거주할 때는 80여 가구에 400여 명이 살았지만, 지금은 20여 가구에 30여 명이 실제 거주한다. 마지막 학생인 바다가 중학교로 진학하면서 학교도 문을 닫았다.

몇 년 전 국립공원 구역에 포함된 마을을 대상으로 추진하는 명품마을 사업에 선정되어 주민들은 섬 재생에 안간힘을 쓰고 있다. 다행히 이후로는 예약을 하지 않으면 주말에는 섬에서 숙박을 하기 어려울 정도로 널리 알려졌다. 더 놀라운 변화는 마을 특산품인 미역, 톳, 홍합을 구입하겠다고 채취도 하기 전에 돈을 입금하고 예약하는 사람도 있는 것이다. 무인도가 되지 않을까 걱정했는데 이런 사랑을 받을 줄 몰랐다.

오래 전 명품마을 위원장 최성광 씨가 미역을 팔러 가는 어머님 몇 분을 따라 광주 어느 시장에 갔을 때 일이다. 품질로 따지면 전국 어느 미역에 뒤지지 않는 돌미역인데 중개인들이 서로 짜고 한 가닥에 1,000원까지 가격을 내리쳤다. 바지선에 매달려 벼랑 끝에서 한 올 한 올 채취해 만든 미역이다. 그 먼 곳에서 나이 많은 어머님들이 이고 지고 왔는데 1,000원이라니. 그 미역이 명품마을 이후에는 1만 2,000원에 팔리고 있다. 물가상승을 고려해도 엄청난 차이다. 게다가 가만히 있어도 주문이 들어온다. 섬에서 하룻밤을 지내고 섬밥상을 받아 본 사람은 미역과 홍합을 사 가고 주문한다. 주민들도 미역 채취의 시기 조절, 작은 홍합의 채취 금지 등 다양한 방식으로 답하고 있다. '깨끗하고, 맛이 좋고, 공정한' 방식으로 생산하고 유통하는 지역 특산물을 보여줄 수 있는 절호의 기회가 바로 여행이다.

오롯이 파도와 바람 소리만 들리는 작은 섬마을이다. 섬길을 걷고 주민들이 차려준 섬밥상을 맛보는 것이 전부인 섬이다. 그런데 이마저 지속하기 어려운 상황이 다가오고 있다. 영산도를 사랑해주신 탐방객들에게 더 나은 섬과 섬마을을 보여주려고 몇 달간 재충전의 기회를 마련할 생각이란다. 이후 영산도는 여행객에게 '일회용 사용금지' '쓰레기 가져가기' '스스로 조리하기' 등 더 많은 요구를 할지도 모른다.

손님이 오면 찬거리를 얻으러 고래바위 등 갯바위로 나간다. 그곳에서 홍합, 김, 미역, 거북손, 배말 등을 채취한다. 물질을 했던 어머님은 나이가 들어 물질을 못 해도 갯바위에서 채취하는 것은 지금도 가능하다. 눈앞의 이득을 생각하지 않고 '우선멈춤'을 고려하는 영산도에 큰 박수를 보낸다.

동숭어회

좋은 갯벌이 키운,
부드럽게 혀에 착 감기는 식감

西海
〰〰

+

전라남도 무안군 해제면 | 겨울 제철 | 습지보호지역 | 가숭어*, 동숭어, 겨울숭어

꿈틀댈 것 같은 붉은 근육은 이 물고기가 겨울철에도 얼마나 활발하게 움직였는지 보여준다. 탄력이 있는 육질이 그대로 혀에 착 감긴다. 비린내는 찾을 수 없다. 부드럽지만 식감이 아주 좋다. 무안군 도리포 앞 바다에서 막 건져 온 아이 팔뚝만 한 대물 숭어다. 덤으로 얻은 작은 숭어는 비늘만 벗기고 내장을 꺼낸 후 칼집을 내어 토판천일염을 뿌려 구웠다. 정월에는 도미도 울고 간다는 동숭어다. 조선 미식가 허균이 지은 《도문대작屠門大嚼》에서는 "서해 어느 곳이나 있지만 경강 것이 가장 좋고, 나주 것은 크다. 평양에서 잡힌 것은 동숭어가 맛있다."고 했다. 동숭어는 냉동 숭어가 아니라 겨울숭어라 해야 한다. 평양 동숭어는 대동강 유역에서 잡힌, 가숭어 속에 속하는 겨울숭어를 가리킨다.

숭어는 갯벌을 좋아한다. 수온이 내려가면 갯벌에 몸을 묻고 겨울을 나기도 한다. 날이 풀리면 갯벌에 쌓인 유기물을 먹어, 오염된 연안에서 잡은 숭어는 냄새가 나기도 한다. 맛 좋고 깨끗한 숭어를 원한다면, 우선 좋은 갯벌을 찾아야 한다. 어떤 갯벌이 좋은 곳일까? 해양수산

부는 '습지보전법'에 의해 "자연 생태가 원시성을 유지하고 있거나 생물다양성이 풍부한 지역, 멸종위기에 처한 야생 동식물이 서식하거나 나타나는 지역, 특이한 경관적·지형적 또는 지질학적 가치를 지닌 지역" 12개소 갯벌을 '습지보호지역'으로 지정해 관리하고 있다.

무안갯벌은 가장 먼저 습지보호지역으로 지정되었다. 그 중심 포구가 도리포이며, 겨울숭어로 널리 알려진 어촌마을이다. 영산강 하구가 막히기 전에는 무안 몽탄을 거슬러 나주 영산포까지 숭어가 올라왔다. 주변 마을 중에는 제물로 숭어를 올리는 곳도 있었다. 무안뿐만 아니라 신안, 영광, 함평, 목포, 진도 등 서남해 바닷마을은 겨울철이면 숭어회를 즐긴다. 또한, 겨울철 해풍에 말린 숭어건정은 두고두고 간국과 찜으로 즐겼다. 이때 꺼낸 숭어 내장도 염장을 해서 젓갈로 먹었다. 평양에 동숭어가 있다면, 남쪽에는 무안 숭어가 있다. 무안갯벌에서 잡은 도리포 동숭어가 좋다.

△ 무안시장에서 판매하는 숭어

▽ 동숭어회

도리포 곱창김

고집과 정성으로 되살린 효자 상품, 살아남은 자연

西海

+

전라남도 무안군 해제면 | 사시사철

습지보호지역, 람사르 습지 | 잇바디돌김*, 곱창김

어릴 때 살았던 산골에서는 설 명절을 앞두고 김을 세찬으로 돌렸다. 당시 김은 효자 수출품이자 차례상에 올리는 귀한 제물이었다. 수출이 어려워지고 김 산업이 침체하자 1990년대 강원 '긴잎돌김', 충남 '참김' 그리고 전남 '잇바디돌김' 등을 지역 특산물로 발전시키는 활성화 계획을 세우기도 했다. 다행스럽게 최근에 김이 수산물을 대표하는 수출품으로 주목을 받고 있다. 김은 크게 일반김, 곱창김, 돌김으로 구분하고 이를 종자로 구분하면 방사무늬김, 잇바디돌김, 모무늬김인데, 가장 많이 양식하는 방사무늬김이 일반김이며, 잇바디돌김이 바로 곱창김이다.

엽체가 곱창처럼 생긴 곱창김은 전라남도 진도, 해남, 무안, 신안 지역 등에서 양식한다. 일반적으로 곱창김은 10월 말부터 11월 초까지 양식하며, 한두 차례 채취한 뒤 같은 곳에 일반김 포자를 붙여 초봄까지 이어서 양식한다. 김 양식은 수온과 영양염류에 민감하다. 가뭄이 심하거나 수온이 계속 높으면 좋은 김을 기대하기 어렵다. 곱창김은 일반김에 비해 값은 좋지만 생산량이 적고

도리포 지주식 곱창김 양식장

채취 횟수가 적다. 또한, 주변에 다른 김을 양식하지 않아 포자들이 섞이거나 교잡종이 없고 품질 좋은 곱창김을 얻을 수 있다. 전에는 도리포에서도 곱창김을 채취하고 일반김을 양식했지만 지금은 양식 기술이 발달해 곱창김을 몇 차례 더 채취해 소득을 올리고 있다. 이런 어려운 양식 조건에도 불구하고 곱창김만을 고집스럽게 채취하는 마을이 전라남도 무안군 해제면 도리포다.

이곳은 한때 영산강 4단계 개발사업으로 매립위기에 처했던 갯벌이었다. 그런데 아이러니하게 새만금 간척의 찬성과 반대 논란 속에 갯벌의 가치가 재인식되면서 도리포 일대를 포함한 영산강 개발사업이 백지화되었다. 그리고 무안갯벌은 대한민국 최초의 연안습지보호지역과 람사르 습지로 지정되었다. 도리포 곱창김은 갯벌에 기둥을 세우고 김을 매달아 양식하는 지주식 곱창김이다. 곱창김은 거칠지만 식감과 감칠맛이 강해 조미를 하지 않고 구워 먹기 좋다. 도리포는 곱창김만 양식하며 어장을 관리하고 양식 기술을 발전시킨 덕에 일반김처럼 늦게까지 양식을 하며 채취 횟수도 대여섯 차례에 이른다. 갯벌과 바다를 보호하는 일은 미래세대의 식량을 준비하는 일이며, 생물다양성으로 지구를 지키는 일이다.

西海

△ 가공한 곱창김

▽ 곱창김을 운반하는 도리포항

운저리회무침과 보리밥비빔밥

가을에 제대로 물오른 맛,
투박하니 보리밥과 어울린다

무안이나 영광에서는 망둑어를 '운저리'라 부른다. 여름 뒷모습이 보이기 시작하던 9월 초, 김장용 태양초를 장만해야겠다는 아내의 말에 뜬금없이 운저리 생각이 났다. 고추가 빨갛게 익어갈 무렵 운저리는 맛이 들기 시작한다. 가을은 짧다. 겨울잠을 자야 하니 여름에 부지런히 갯지렁이, 게, 새, 갯벌바닥 유기물까지 가리지 않고 먹는다. 가을에 살이 올라 쫄깃하고 맛도 최상에 이른다.

한반도에는 60여 종의 망둑어가 서식한다. 그중 풀

+

전라남도 무안군 해제면~현경면 | 가을 제철

망둑어*, 운저리, 문저리, 무조리, 꼬시래기, 꼬시락, 대두어, 망둥어

망둑과 문절망둑, 짱뚱어 등이 식용으로 알려진 망둑어들이다. 지역에 따라 운저리(문저리), 꼬시래기(꼬시락), 무조리 등 다양하게 불린다. 담정 김려가 유배 가서 기록한 우리나라 최초의 어보인《우해이어보》에는 '문절어', 《자산어보》에는 '대두어', 서유구의《임원경제지》중〈전어지〉에는 '망동어'라 했다. 갯벌에서 뛰고, 날고, 머리가 크고, 눈이 밝은 망둑어의 특징을 잘 표현한 어명이다. 남해 갯벌에는 문절망둑, 서해 갯벌에는 풀망둑이 많았다. 하지만 연안 개발과 오염으로 서식지가 줄어들자 차츰 밥상에서 멀어졌다. 대한민국 최대 꼬시래기 횟집이 창원 봉암에 있었다. 꼬시래기는 공장이 들어오면서 흔적도 없이 사라졌다가 봉암갯벌이 습지보호지역으로 지정되어 관리를 시작하면서 다시 발견되고 있다.

다행스럽게 강화갯벌, 무안갯벌, 신안갯벌, 순천갯벌, 벌교갯벌에서 아직 운저리를 만날 수 있다. 지금도 가을에 운저리를 줄줄이 엮어 말렸다가 겨울 반찬으로 이용한다. 서해에서는 건강망을 이용해 잡는다. 그물에 겨울과 봄에는 숭어가 들고 가을에는 운저리가 찾아온다. 갯골과 물길을 따라 이동하다 그물에 갇혀 잡힌다. 그중에서도 무안갯벌은 주변에 큰 공장이 없고, 황토밭에서 유입되는 토사가 쌓인 황토갯벌이다. 또한, 오래전부터 운저리를 잡아 가을에는 무침으로 겨울에는 말려 조림으로 밥상에 올렸다.

　해제반도로 가는 길목에 20여 년 전부터 드나들었던 허름한 회무침 전문집이 있다. 철따라 길 건너 갯벌에서 건져 올린 낙지, 숭어, 송어(반지), 운저리로 회무침을 만든다. 가을에는 막걸리식초를 넣고 무와 양파, 깻잎을 더해 버무린 '운저리회무침'을 상에 올린다. 이때 함께 올라오는 밥은 보리밥이다. 쌀밥과 달리 으깨지거나 물러지지 않아 오히려 투박한 운저리와 잘 어울린다. 운저리는 뼈를 발라내고 잘게, 곱게 썰어서, 비벼 먹는 데 불편함이 없다. 가격도 맛도 좋다.

△ 운저리회무침

▽ 건강망에 잡힌 운저리

운저리회

모양은 거시기해도,
제대로 갖춰 한 상 차리니 아름답다

西海

+
전라남도 무안군 해제면~현경면 | 가을 제철
망둑어*, 운저리, 문저리, 무조리, 꼬시래기, 꼬시락, 대두어, 망동어

기온이 많이 내려갔다. 이젠 짧은 셔츠나 반바지는 역할을 다한 듯하다. 그래도 혹시 몰라 방구석에서 주인이 부를 날이 있을까 하며 고개를 내미는 듯한 모습이 애처롭다. 가을로 빠져드는 동안 민어 값도 많이 내렸지만 데면데면 지나쳤다. 대신 넉살 좋은 운저리 앞에 멈춰 섰다. 그물로 딱 먹을 만큼만 잡았다는 노인이 가지고 나온 것이다. 뻘떡뻘떡 뛰는 모습이 당당하다. 숭어가 뛰니 망둑어(운저리)도 뛴다는 말이 무색하다. 숭어 못지않게 사랑을 받고 있다. 몸값도 뛰었다. 가을에는 녀석들이 모습이 보이기가 무섭게 간택된다. 역시 '가을 망둑'이다.

예전 같으면 갯벌에 쳐놓은 그물에서 숭어나 눈먼 농어, 감성돔도 들었지만 이젠 운저리가 주인공이다. 썰물이 드러난 작은 웅덩이를 훔치기만 해도 운저리 몇 마리 잡는 것은 어렵지 않았다. 미끼 없이 대나무낚시로도 잘 잡혔다. 이제는 사정이 다르다. 지역 주민만 아니라 도시민들도 운저리 맛을 알아차렸다. 게다가 운저리만 전문으로 잡는 낚시인까지 등장했다. 수요가 많으니 잡는 양도

늘고 값도 올랐다. 그물에서 털어 온 운저리도 애지중지 수족관에 넣어 단골을 기다리는 식당도 생겨났다.

　운저리를 회로 먹기 좋은 계절이다. 《우해이어보》에서는 "향기가 쏘가리와 같고 회로 먹으면 맛이 더욱 좋다."고 했다. 갯벌이 좋은 곳에서 맛 좋은 망둑어가 서식한다. 대한민국 최초의 습지보호지역 무안갯벌이 있는 해제반도의 주민들은 운저리를 즐겨 먹는다. 무안에는 비록 운저리라 해도, 제대로 격식을 갖추어 회를 내놓는 식당이 있다. 붉은 무안양파에 갓김치와 깻잎, 된장과 초장과 겨자까지 갖췄다. 운저리를 회로 떠서 한껏 멋을 부렸다. 투박한 아름다움이다. 손님이 많을 때는 받기 어려운 밥상이다. 밥때를 피하거나 주인장 표정을 살펴야 한다. 손이 많이 가기 때문이다.

西海

△ 무안갯벌

▽ 운저리를 잡는 그물, 건강망

+

갯벌낙지
맨손어업

낙지 금어기가 끝나고, 가을이면 본격적인 낙지 철이다. 하지만 낙지잡이 어민들 표정이 밝지 않다. 낙지 어획량이 10여 년 전에 비해 4분의 1로 줄어든 탓이다. 낙지잡이는 통발, 연승(낚시), 맨손어업으로 나뉜다. 맨손어업은 바닷물이 빠진 갯벌에서 가래(삽)나 호미 혹은 맨손으로 낙지를 잡는 어업이다. 무엇보다 인상적인 낙지잡이는 전라남도 무안군 지도읍의 갯벌에서 보았던 '묻음낙지'라는 어법이다. 삽을 이용해 갯벌을 파서 낙지를 잡는 것은 많이 보았지만 묻음낙지 어법은 처음이었다. 이때 사용하는 가래는 일반 낙지 삽의 절반 길이이며 삽날과 자루를 나무로 만들었다.

잡는 방법은 아주 단순하다. 먼저 낙지가 사는 구멍을 찾아내야 한다. 걸어 다녀도 되는 무르지 않은 펄갯벌 조간대 상부에서 구멍만 보고 낙지 구멍을 찾는 일에는 오랜 경험이 필요하다. 그 낙지 구멍을 조금만 파내면 물이 고인 작은 웅덩이를 확인할 수 있다. 개흙으로 뚜껑을 만들어 웅덩이를 덮는다. 그렇게 여

西海

러 개 '묻음'을 만든다. 여러 사람이 같은 갯벌에서 낙지를 잡을 때는 자기 묻음을 표시해야 한다. 그리고 두어 시간 후 바닷물이 들기 시작할 무렵 차례로 조심스럽게 뚜껑을 열어 낙지가 있는지 확인해 잡는다. 낙지는 연체동물 중에서도 영특하기로 소문이 나 있다. 낌새를 느끼면 곧바로 깊숙이 구멍 속으로 숨어버린다. 들어가는 구멍은 한 곳이지만 안에는 여러 개의 구멍으로 나누어져 있고 깊어 잡기 어렵다. 물론 묻음마다 낙지가 들어 있는 것은 아니다. 어민들은 바닷물이 들어오면 먹이활동을 하려고 구멍에서 올라와 웅덩이에서 놀고 있는 것이라고 해석한다. 대부분 통발과 연승으로 낙지를 잡지만 아직도 가래나 묻음으로 낙지를 잡고 있는 무안과 신안 지역 '갯벌낙지 맨손어업'은 2018년 국가중요어업유산으로 등재되었다. 즉, "오랫동안 지속·발전해온 전통어업 체계, 관련 경관과 문화를 포함한 유·무형의 자원"으로, 지속가능한 어법의 전형이다.

묻음낙지

꽃게살비빔밥

가을 길목에 입맛 돋우는
고소하고 담백한 바다의 맛

        곡식의 알곡이 실해 고개를 숙이는 가을이면 수컷 꽃게도 종족 번식을 위해 분주하다. 이때가 꽃게무침과 꽃게살비빔밥을 준비하기 좋은 계절이다. 수컷 꽃게는 알 대신 살이 많기 때문이다. 봄철에는 암컷 꽃게가 좋지만, 가을에는 수컷 꽃게가 맛있다. 여름에 산란하는 암컷은 봄에 살찌고, 수컷은 그사이 탈피를 하며 몸을 만들어 다음 종족 보전을 준비한다. 암컷보다 먼저 영양분을 섭취해 정소를 만들기 때문이란다.

        이 시기에 한반도 서남단과 서해 최북단의 연안으

+
전라남도 목포시, 전라남도 진도군 임회면 남동리 서망항
가을 제철 | 수컷 꽃게

西海

로 꽃게들이 찾아온다. 꽃게는 겨울철에 깊은 바다에서 월동을 하다 수온이 따뜻해지면 갯벌이 발달한 연안으로 올라온다. 꽃게는 갯지렁이, 새우, 조개 등 갯벌에서 자라는 것들을 좋아한다. 모래와 갯벌에 몸을 숨기고 지나는 물고기를 잡아먹기도 한다. 갯벌이 발달한 서해의 최남단과 최북단이 꽃게 어장의 중심이다. 대한민국 바다까지 들어와 조업을 하는 중국의 불법 꽃게잡이 어선 때문에 피해를 입기도 한다. 서남해의 진도와 신안의 깊은 바다에서는 주로 통발로 잡고, 연평도바다에서는 자망그물로 잡는다.

꽃게살비빔밥에는 통발로 잡은 꽃게가 좋다. 통발 꽃게잡이는 청어, 고등어, 멸치 등 비린내가 많은 생선을 미끼로 쓴다. 조도군도와 흑산군도 일대에서 잡은 꽃게는 진도 서망항으로 모인다. 특히 추석 명절을 앞두고 서망항에는 꽃게 파시가 이루어진다. 물때에 맞춰야 하고 일출과 일몰의 조업제한이 있는 연평도와 달리, 진도 꽃게잡이 어부들은 파도가 방해하지 않으면 바다에서 며칠이고 머물며 생활한다. 선원들이 먹어야 할 식량과 꽃게잡이에 필요한 것들은 잡아놓은 꽃게를 운반하는 배가 가져온다. 꽃게잡이가 바다에서 짓는 일 년 농사라 어민들은 가을과 봄이면 바다에서 생활한다.

진도에서 잡은 꽃게는 전국으로 유통되지만 현지에서 맛을 보려면 목포로 가야 한다. 진도는 목포 생활권이라 해도 될 정도로 교류가 활발하다. 진도대교가 놓이기 전에는 목포에서 배를 타고 오갔다. 목포의 수산업을 쥐락펴락 하는 사람들도 한때는 진도 사람들이었다. 선적을 목포에 둔 사람들도 많다.

꽃게의 배를 눌러 단단해야 살이 꽉 차고 좋은 꽃게다. 꽃게살을 발라내려면 하루는 냉동실에 보관해야 좋다. 살아 있는 꽃게는 살을 빼기 어렵기 때문이다. 여기에 마늘, 파, 고춧가루를 넣어 꽃게살비빔밥을 만든다. 부드러운 게살과 쌀밥이 잘 어울린다. 고소하고 담백하지만, 약간의 비린내를 감당해야 한다. 가을로 가는 길목에 밥맛이 떨어질 때 입맛을 돋우는 꽃게살비빔밥이다.

△ 진도에서 잡은 꽃게

▽ 목포 꽃게살비빔밥

준치회무침

가시를 조심해야 하지만
달콤함에 취한다

西海
〰〰

+

전라남도 목포시 | 4~6월 제철 | 준치*, 진어

준치에는 가시가 많다. 그런데 이놈의 가시가 등뼈를 가운데 두고 일정하게 같은 방향으로 자리를 잡은 게 아니라 눕기도 하고 서기도 했다. 그러니 맘대로 먹을 수가 없어 조심해야 한다. 달콤함에 취해 올라오는 욕심을 경계해야 한다. 요즘 딱 어울리는 말이다. 조선 시대에는 이를 빗대어 준치를 선물했다. 해남 연동 해남 윤씨 녹우당에 소장돼 있는 〈1629년 윤선도 은사문〉을 보면, "진어 싱션 열"을 내전에서 보냈다고 한다. 진어眞魚는 준치를, 은사문은 왕실에서 신하에게 내리는 선물을 기록한 문서를 가리킨다.

준치는 청어목 준치과에 속하는 바닷물고기다.《자산어보》에서는 "비늘은 크고, 가시가 많으며, 등이 푸르다. 맛이 달고 담백하다. 곡우 뒤에 우이도에서 잡히기 시작한다."고 했다. 우이도는 정약전이 동생 정약용을 기다리며 눈을 감은 곳이다. 암청색 등과 은색 배가 청어를 닮았다. 또한, 아래턱이 위턱보다 길게 나온 것도 같다. 동해에 출몰하는 청어와 달리 준치는 서해에서 볼 수 있다. 어류는 수온에 따라 옮겨 다니니 인간의 기준으로 서식지를 구분하기는 어렵다. 다만 들고 나는 때가 분명하다. 여름으로 가는 길목인 오뉴월에 산란을 위해 황해로 올라온다. 이렇듯 때가 분명해서, 또 다른 이름인 시어鰣魚의 鰣(준치 시)에는 時가 들어가 있다.

　　유달산 길목 오동나무에 보라색 꽃이 활짝 피면 어김없이 안강망으로 잡은 준치가 어시장에 올라온다. 맛이 절정에 오른 때다. 잡은 즉시 빙장(얼음으로 저장)해야 할 만큼 생선살이 연하고 부드럽다. 제철이 짧기도 하지만 제거하기 어려운 잔가시를 먹을 수 있도록 칼질을 해야 하는 것도 번거롭다. 맛이 일품이니 철이 되면 준치회를 찾는 사람들이 줄을 잇는다. 그래서 진어라고 했을까. 조선 중기 시인 이응희의 문집《옥담시집》만물편에서는 준치를 "팔진미"에 비견할 만큼 맛이 좋다고 했다. 산미를 더해 조리하는 것은 살균과 뼈를 연하게 하는 역할을 한다. 흔히 생선은 뱃살이 맛있다고 하지만 준치는 뱃살이 딱딱하고 가시가 많아 잘라내는 것이 좋다. 준치가 나오는 철이면 준치회무침을 먹으려는 사람들이 선창가 식당에 줄을 선다.

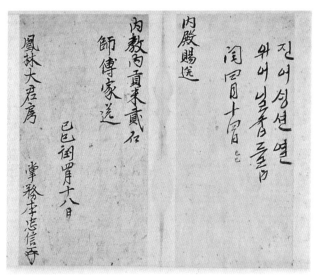

△ 1629년 내전에서 준치 등을 윤선도에게 하사하며 동봉한 〈은사문〉

(소장처 : 해남 윤씨 녹우당)

▽ 준치회무침

황석어조림

조기보다 작지만
더 진하고 부드러운 그 맛

조기 새끼가 아니다. 같은 민어과에 속하지만 조기와 달리 다 자라도 어른 손바닥 길이를 넘지 못한다. 《자산어보》에서는 추수어追水魚 중 가장 작은 놈을 '황석어'라 부른다고 했다. 추수어는 참조기, 부세, 수조기, 황석어를 이르는 말로, 때에 맞춰 물길을 따라오므로 붙여진 이름이다. 황석어가 오는 때는 오뉴월이다.

황석어는 '황실이' '황새기' '강달어' '깡달이' 등으로 불린다. 조선시대 인문지리서 《신증동국여지승람》에서는 '황석수어'라고도 했다. 강화도 외포부터 전라도 목

+
전라남도 목포시 | 5~6월 제철
황석어*, 황실이, 황새기, 강달어, 깡달이, 황석수어

△ 황석어

▽ 황석어조림

포까지 서해에서 널리 잡히는데, 특히 신안 임자도 전장포, 비금도 원평, 영광 염산에서 많이 볼 수 있다. 살이 무르고 여름 길목에 잡혀 쉬 상한다. 그래서 소금을 뿌려 젓갈을 담거나 햇볕에 말렸다. 얼음에 묻어 생물로 유통하기 시작한 것은 오래된 일이 아니다. 생물 황석어조림이 산지와 가까운 목포에 자리를 잡은 이유다.

그물에 걸린 황석어는 뱃사람들의 손을 거쳐 젓갈용과 조림용으로 나뉜다. 크고 상처가 없는 놈은 얼음에 잠겨 다시 육지여행에 나서고, 상처 난 놈은 소금에 버무려져 시간여행을 한다. 육지여행을 떠난 놈은 조림이 되고, 시간여행을 떠난 놈은 짭짤한 젓갈이 된다.

황석어조림은 조기조림보다 국물이 진하다. 봄에 산과 들에 올라온 고사리나 감자를 밑에 깔고 조려도 좋다. 바싹 말려두었다가 두고두고 조림을 해 먹어도 좋다. 황석어젓은 삭힐수록 진국이 우러나며 그 자체로 조미료가 된다. 젓갈은 여름을 지나고 가을부터 먹기 시작한다. 멸치젓 대신 김장할 때 넣기도 한다.

황석어조림은 먼저 쌀뜨물로 씻어 비린내와 짠맛을 살짝 제거한다. 여기에 된장을 조금 넣고 조림을 하면 좋다. 오뉴월 황석어는 살지고 뼈도 억세지 않아 조림이나 탕으로 좋지만, 머리만 떼어내고 튀김을 만들어도 좋다.

굴포 복탕

재료를 찾는 마음과 손맛이 어우러진,
곰국 같은 복탕과 반찬

　　"딸이에요." 주방에 계셔야 할 노인은 보이질 않고, 대신 젊은 여성이 자리를 차지하고 있었다. 무슨 일이 생긴 것일까. 단골집은 손맛으로만 찾는 것이 아니다. 더 중한 것이 '사람 맛'이다. 주인을 만나는 맛이 좋아 가는 경우가 많다. 사실 이런 경우 손맛은 말할 필요가 없다. 좋은 식재료를 사용하는 분에게 '사람 맛'을 느낄 수 있기 때문이다. 그렇게 재료를 찾는 마음과 손맛이 함께 우러나야 '미식'에 이르는 것이다.

　　진도 굴포에 있는 복탕집도 그런 느낌이다. 진도 토박이 안내로 처음 찾았을 때, '복탕이 왜 이래?'라고 생

+

전라남도 진도군 임회면 | 복섬, 까치복, 밀복

각했다. 맑고 시원한 국물을 생각했는데, 사골 곰국에 가깝다. 어떤 사람은 어죽이라 한다. 국물이 진하고 슴슴하다. 한 그릇 비우고 나오면서 주방을 살피니, 가마솥에 복을 가득 넣고 끓이는 중이었다. 한 그릇씩 끓이는 것이 아니다. 그야말로 사골 곰국처럼 끓여낸다. 먹고나면 몸보신했다는 생각이 든다. 메뉴를 선택할 필요가 없다. 오직 복탕뿐이다. 주방은 젊은 딸이 지키고, 어머니는 점심시간이 지나서야 잠깐 얼굴을 비추고는 누워 계셨다. 점심시간이 훨씬 지났는데도 간간이 사람이 들어온다. 주민들만 아니라 입소문을 듣고 찾아오는 여행객도 많다.

　이곳은 복탕도 좋지만 반찬은 더 좋다. 나물로 시금치, 콩나물, 무나물, 김치로 배추김치, 무김치, 봄동이 나온다. 여기에 시래기볶음, 버섯볶음, 새우볶음과 곰삭은 멸치젓이 더해진다. 가짓수를 채우려고 내놓는 찬이 아니다. 진도는 섬답지 않게 논도 많고, 겨울에도 대파와 배추가 밭에서 월동을 한다. 김과 톳, 멸치와 전복 등 바다는 또 얼마나 풍요로운가. 여기에 정성과 손맛이 더해져 맛을 낸다. 많은 식객이 궁벽한 남쪽 어촌까지 찾아오는 이유다. 딸이 주방을 맡으면서 어머니의 투박함에 깔끔함도 더해진 느낌이다. 담배, 설탕, 식용유, 음료수, 빵, 과자, 커피 등을 팔며 담배가게와 슈퍼도 겸하고 있다.

복탕

뜸북국

없으면 짜잔하다는 평을 듣는,
진하디 진한 국물

西海

+

전라남도 진도군 진도읍 | 제철은 봄철, 말려서 사시사철
뜸부기*, 둠북, 석기생

생소한 음식 이름이다. 처음에는 꿩이나 오골계처럼 뜸북새(뜸부깃과 새를 부르는 이름)를 넣어 끓이는 탕을 상상했다. 실제로 진도읍에 있는 뜸북국 전문식당에는 뜸북새 사진이 벽에 붙어 있다. 많은 사람이 같은 상상을 하는 모양이다. 진도에서는 잔치에 "아무리 음식을 걸게 장만해도 ○○○이 없으면 짜잔하다."고 흉을 보았다. 그 주인공은 홍어가 아니라 뜸북국이다. 잔치 음식에 뜸북국이 없으면 형편없다는 평을 들었다. 소나 돼지를 잡아 고기를 쓰고 남은 뼈와 뜸부기를 듬뿍 넣고 국을 끓였다. 돼지 뼈로 국물을 내고 모자반을 넣어 끓인 제주 음식 '몸국'과 비슷하다.

뜸부기는 모자반목 뜸부깃과 뜸부기속에 속하는 갈조류다. 조간대 중간쯤 갯바위에 붙어 서식하는 해조류로 진도, 신안, 진도, 여수, 남해, 통영, 거제 등에서 볼 수 있었다. 특히 1990년대까지는 진도군 섬과 연안에는 갯바위가 보이지 않을 만큼 풍성했다. 하지만 최근에는 연안 개발로 서식지가 훼손되고 바다가 오염돼 사람 사는 곳에서는 사라졌다. 관매도, 맹골군도 등 조도면 절해고도에서만 볼 수 있는 귀한 몸이 되었다. 생산량도 적어서 지난해에는 1킬로그램에 15만 원을 호가할 정도로 비쌌다.

《자산어보》에서는 뜸부기를, 돌에 붙어 자란다 해서 '석기생石寄生', 속명은 '둠북'이라 했다. 그 "맛은 담백해서 국을 끓일 수 있다."고 했다. 봄철이 제철이지만 말려서 일 년 내내 이용한다. 전문식당에서는 조도나 관매도 등 뜸부기가 서식하는 섬 주민들에게 선불을 주고 구입한다. 국을 끓일 때는 마른 뜸부기를 불려 살짝 데치고는 사골을 붓고 갈비를 넣어 푹 끓인다. 봄철에는 막 뜯은 뜸부기를 들깻가루 넣고 볶거나 전을 부치기도 한다. 진도읍에는 한우갈비를 넣고 '소갈비뜸북국'을 끓여 내는 식당이 있다. 맛은 자연산 돌미역국과 흡사한데 국물이 더 진하다. 국립공원공단은 2014년부터 다도해해상국립공원의 서식처를 중심으로 뜸부기 자원복원사업을 추진하고 있다. 최근 복원기술의 개발과 민관협력으로 자원복원의 성과가 나타나고 있어 사업을 확대하고 있다.

소갈비뜸북국

순천

완도·

장흥·보성 ——

고흥 ——

여수

남해

창원

부산

거제

통영

南
海

고금도 매생이

몸도 춥고 마음도 허할 때 필요한
뜨거운 기운과 응원

南海

+
전라남도 완도군 고금면 | 강진, 장흥, 고흥, 해남 등지에서도 양식
겨울 제철 | 매생이*

매생이가 검푸르러지면 겨울이 무르익은 것이다. 이 무렵 남쪽 섬마을에서는 매생이로 '쒜기'를 만드는 어머님들 손길이 분주하다. 북한《조선말대사전》은 쒜기의 뜻을 "조그마하고 둥굴둥굴하게 주물러서 뭉쳐놓은 덩이"라 했다. 매생이로 만든 쒜기는 주먹 모양이다. 할머니 머리의 쪽을 닮기도 했다. 바다에서 채취하고는 세척해 쒜기를 만들어 판매한다. 채취량이 많을 때는 한 사람이 하루에 1,000여 개의 쒜기를 만들어야 한다. 허리가 부러질 것처럼 아프고 손은 곱아 생각대로 움직여지지 않는다. 그래도 고금도에서 만난 한 어머님은 "거름을 할까 약을 할까, 비료를 줄까 씨를 뿌릴까. 요것이 효자제라. 자식보다 낫소."라며 매생이를 예찬한다.

'속 썩인 자식이 효자 노릇 한다.'는 말이 있다. 한때 매생이는 김 양식을 방해하는 훼방꾼이었다. 소비자들이 검고 윤기 나는 김을 좋아하는데, 매생이가 김발에 붙으면 김농사를 망쳤다고 했다. 이제 그 김 양식은 먼 바다로 보내고, 그 자리에 매생이 양식을 한다. 그렇다고 어느 바다에서나 할 수 있는 것은 아니다. 강진, 완도, 장흥, 고흥, 해남이 접한 연안에서만 가능하다. 오롯이 바닷물과 햇볕에 의지해 자라므로, 조류가 거칠지 않고 순환이 잘 되는 청정 바다여야 한다.

　매생이가 지금처럼 전국에 알려지기 전에는 남도에서 겨울철에만 먹었다. 전라도에서는 매생잇국을 끓일 때 물을 넣지 않고 약한 불로 참기름이나 들기름으로 볶는다. 걸쭉한 매생이죽이 되도록 해서, 떠먹는 것이 아니라 후루룩 마셨다. 매생이의 독특한 향을 제대로 느끼려면 마늘을 넣지 않는 것이 좋다. 매생이는 김이 나지 않아 식은 듯 보이지만 뜨겁다. 목구멍을 넘어 속으로 뜨거운 기운이 넘어가는 것을 느낄 수 있다. 그 맛에 먹는다. 작년에는 큰 재미를 보지 못해 매생이 양식을 하는 어민들은 올해 기대가 더 크다. 제철 음식을 밥상에 올리는 것보다 더 좋은 응원은 없다. 요즘 몸도 춥고 마음도 허하다. 뜨거운 매생잇국으로 속을 달래보자.

매생이 채취하는 어민

청산도 전복장

구경도 힘들었던 전복을
한아름 선물로 받아 설렜던 그날

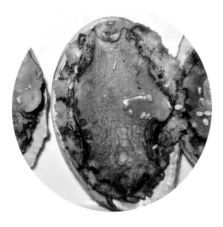

南海

+
전라남도 완도군 청산면 | 배편 운항 | 전복*, 복어

전복장을 생각하는 마음을 읽었을까. 청산도에 구들장논(국가중요농업유산 1호이자 세계중요농업유산(GIAHS)으로 등재된 계단식 논)을 살피러 갔다가 인터뷰도 하고 직접 양식한 전복을 선물로 받았다. 집으로 돌아오는 배에서부터 설렜다. 묵직한 것이 구이와 회로 먹고, 전복장을 할 만큼 넉넉할 것 같았다. 지금처럼 대규모로 많이 양식하기 전에는 구경도 힘든 것이 전복이었다. 큰 수술을 했을 때 몸을 보하라고 주는 귀한 선물이었다. 10여 년 전 대학에 있을 때, 딱 한 번 전복을 선물로 받았다.

조선시대에는 진상할 전복을 채취하기 위해 섬에 '채복선'(전복을 따내는 배)과 '포작인'(제주에서 전복과 물고기 등을 주로 잡아서 진상하는 임무를 맡은 사람)을 배치했다. 포작인 중에는 종묘에 천신(철마다 새로 난 농수산물을 신위에 올리는 일)하는 큰 전복을 구하려고 외딴 섬에 들어갔다가 수적을 만나 변을 당하는 이도 있었다. 진도에서는 전복을 따다 풍랑을 만나 오키나와로 표류하는 일도 있었다. 제주에서는 포작인들이 중간관리들의 이중삼중 수탈을 견디다 못해 섬을 탈출하자 해조류를 채취하던 '해녀'

들이 그 몫을 감당했다. 오늘날 물질을 남자들보다 여자들이 많이 하게 된 사연을 설명할 때 인용되고는 하는 내용이다.

지금은 자연산 전복은 귀하고 먼 섬에서만 볼 수 있다. 대신 전라남도 완도군 청산도, 보길도, 소안도 등에서 전복 양식을 많이 하고 있다. 전복 양식은 3년은 키워야 팔 수 있을 만큼 자란다. 다시마나 미역 같은 먹이를 일주일에 두세 번 주어야 한다. 다른 양식에 비해 자본 회전율이 낮고 일 년 내내 관리를 해야 한다. 또한, 최근에는 폭우와 수온 상승 등 기후위기로 어려움이 많다.

《자산어보》를 포함한 여러 고문헌에서는 전복을 '복어'라 했다. 또한, 복어는 '포'를 만들어 먹는 것이 가장 좋다고 했다. 당시에는 복어를 대꼬챙이에 10미씩 꿰어 말린 '건복'을 높은 양반들에게 선물했다. 조선시대 조리서인 《조선무쌍신식요리제법》의 '전복장아찌'나 《조선요리법》의 '전복초'도 건전복을 불려 조리한 요리다. 전복장처럼 저민 전복에 연한 살코기와 마늘과 파를 각각 다져 넣고 진간장을 부어 뭉근하게 조린 것이다. 오늘날 전복장도 진간장에 마늘, 다시마, 표고, 고추, 양파, 사과, 대파 등을 넣어 끓여 만든 장을 이용한다.

△ 완도 전복 양식장

▽ 전복장

회진 된장물회

어장에서 일하다
만들어 먹던 보양식

南海

+
전라남도 장흥군 회진면 | 회진포구, 득량만 | 사시사철
쑤기미*, 쐐미, 범치

원래 뱃사람들의 한 끼 식사인데 여행객 밥상에 오르는 것으로는 자리물회, 꽁치물회, 한치물회 등이 대표적이다. 포항물회처럼 지역 음식을 넘어 전국구 음식으로 자리를 잡은 경우도 있고, 자리물회처럼 여름철 제주에서만 맛볼 수 있는 경우도 있다. 그런가 하면, 일반인에게는 잘 알려지지 않은 장흥물회도 있다. 장흥물회는 회진 지역 어부들이 어장에서 간단하게 만들어 먹던 것이 그 시작이다. 회진은 고흥, 보성, 장흥과 접한 득량만의 입구에 있는 어촌마을이다. 어민들은 득량만에서 철따라 쑤기미, 서대, 양태, 갑오징어, 갯장어, 전어, 낙지 등을 잡고 있다. 무산김과 매생이 등의 해조류 양식도 그곳에서 한다.

고추장으로 만드는 포항물회와 달리 장흥물회는 집 된장을 이용하는 것이 특징이다. 또한, 다양한 채소를 넣는 일반 물회와 달리 삭힌 열무김치를 넣는다. 장흥물회는 이렇게 쉽게 구할 수 있고 여름철에도 변하지도 않는 된장과 열무김치를 가지고 나가 어장에서 일하다 만들어 먹던 음식이다. 열무김치는 반드시 미리 담가서 삭혀놓아야 한다. 그렇게 삭힌 열무김치를 송송 썰어 된장에 무친 후 도다리, 쑤기미, 갯장어, 서대, 양태, 농어 등 그날 그날 바다가 내준 물고기를 회로 썰어 넣고 찬물을 부었다. 그러고는 담아간 보리밥을 국물에 말아 먹고 조업을 계속했다.

이제 된장물회는 아는 사람에게는 여름철 보양식이고, 출향인에게는 소울푸드가 되었다. 회진포구 뒷골목에는 된장물회를 만들어 파는 집이 한두 곳 생겨났다. 어장에서 찬물 부어 먹던 된장물회 대신 육수를 붓고, 오이, 파, 깨 등을 더해 한껏 멋을 냈다. 하지만 그 속살은 된장과 삭힌 열무다. 다른 물회처럼 화려함은 없지만 실속을 가득 담았다. 겨울철에도 얼음을 동동 띄운 장흥 된장물회를 찾는 사람들이 간혹 있다. 회진 사람들이 '쐐미' '범치'라 부르는 쑤기미를 넣은 된장물회를 최고로 친다. 쑤기미는 살이 단단하고 육질이 쫀득하다. 여름이 깊어간다. 삼복더위를 장흥 회진 된장물회로 넘겨보자.

南海

된장물회

벌교 가리맛조개탕

오뉴월 조개탕은 통통하고 부드러운
조갯살이 일품인 가리맛조개로

南海
~~~~~

+
전라남도 보성군 벌교읍 | 늦봄과 여름 제철
습지보호지역, 람사르 습지 | 가리맛조개*

조개탕이라면 으레 바지락을 떠올리거나 개조개, 동죽 정도를 생각할 것이다. 하지만 오뉴월에 정말 맛 좋은 조개탕은 가리맛조개를 듬뿍 넣고 끓인 것이다. 국물이야 말할 것도 없고, 통통하고 부드러운 조갯살은 여느 조개와 비교할 수 없다. 대포리에서 뻘배에 조개를 가득 싣고 갯벌을 가로질러 뭍으로 나오는 한 어머님을 만났다. 아직 마르지 않은 뻘이 하반신은 물론 어깨와 모자까지 잔뜩 묻어 있다. 가리맛조개를 잡으려고 찰진 갯벌을 헤집고 다닌 흔적이다. 바닷물이 빠지기 전에 나가 너댓 시간은 작업을 했다. 허기는 빵과 미숫가루를 타서 얼린 물로 달랬다.

이렇게 갯벌에서 뽑아낸 조개가 백합목 작두콩가리맛조갯과 가리맛조개다. 강 하구 조간대 펄갯벌에 서식한다. 봄에서 여름으로 가는 길목에 맛이 가장 좋다. 가리맛조개를 처음 본 곳은 지금은 뭍으로 변한 김제갯벌이다. 이곳은 새만금갯벌 중 펄갯벌이 발달한 곳이었다. 마지막 물막이 공사가 한창인데 갯벌은 어김없이 백합만 아니라 가리맛조개도 내주었다. 이 조개를 다시 만난 곳은 벌교 대포리갯벌과 순천 용두리갯벌이다. 이곳은 습지보호지역과 람사르 습지로 지정된 갯벌이다. 참꼬막으로 유명한 곳이지만 이제는 그 자리를 가리맛조개가 지키고 있어 더욱 애틋하다. 어민들 아픔을 아는지 가리맛조개 몸값도 오르고, 맛도 참꼬막 못지않다. 초밥 재료로 인기가 높아 일본으로 수출하기도 한다. 우리나라 가리맛조개는 대부분은 여자만에서 생산된다. 봄부터 여름까지 어민들은 찰진 펄갯벌 깊은 곳에서 조개가 남긴 작은 구멍을 보고 팔을 집어넣어 뽑아낸다. 가리맛조개를 뽑는 일은 대부분 여성이 한다.

가리맛조개는 구이, 국, 탕, 무침 등으로 조리한다. 재료가 내는 맛이 좋으니 조리법은 간단하다. 먼저 하루나 이틀 정도 충분하게 해감해야 한다. 그리고 직접 굽거나 된장국에 넣어 끓인다. 무침은 살짝 익혀 조갯살을 꺼내 채소와 갖은양념으로 버무린다. 으뜸은 벌교에서 지인이 점심으로 내놓은 가리맛조개탕이다. 조개를 많이 넣고 자작하게 끓인 후 청량고추나 파만 넣었다.

△ 뻘배를 타고 채취한 가리맛조개

▽ 가리맛조개탕

벌교 꼬막비빔밥

이제는 보기 힘든 참꼬막,
평생 잊지 못할 맛

지금은 문을 닫았지만 벌교시장 입구에 나이 든 할머니가 운영하는 선술집이 있었다. 시장에서 꼬막이나 낙지를 사서 가면 삶아주고 술값만 받았다. 그곳에서 먹었던 '꼬막비빔밥'은 평생 잊지 못할 것 같다. 처음 갔던 그날도 시장을 어슬렁거리다 시장기를 느껴 아무 생각 없이 문을 열고 들어섰다. 사내 세 명이 삶은 꼬막에 소주를 두 병째 마시고 있었다. "먹고 싶은 것 있으면 밖에서 사 가지고 와요." 앉기도 전에 할머니의 말이 뒤통수를 때렸다. 시장골목에서 꼬막을 사서 건네고 둘러보니 어디에도 메뉴나 술값이 적혀 있지 않았다.

+
전라남도 보성군 벌교읍 | 겨울부터 봄까지 제철 | 참꼬막*

南海

잠시 후 김이 모락모락 오르는 꼬막이 나왔다. 뜨거움을 참으며 깐 꼬막살 위로 터질 듯 붉은 피가 차올라 있다. 잘 삶은 꼬막이다. 한참 까서 먹다가 옆을 보니, 대접에 밥을 털어 넣고 꼬막을 까서 넣고 있다. 익숙한 솜씨로 큰 대접에 꼬막비빔밥을 만드는 중이었다. 막걸리를 한 사발 마시고는 밥을 달라고 했다. 그리고 김 가루와 참기름을 두른 대접을 받아 밥을 부었다. 반찬으로 나온 콩나물과 다른 나물까지 넣고 남은 꼬막을 까서 올렸다. 그렇게 쓱쓱 비볐다. 벌교에 꼬막 요리로 한상 가득 나오는 꼬막정식집도 있지만, 선술집의 꼬막비빔밥을 덮을 만한 건 없다.

그 꼬막은 참꼬막이었다. 참꼬막은 겉면에 부챗살처럼 도드라진 방사륵(방사형의 좁은 주름)이 17~18줄이고 새꼬막은 32줄 내외다. 참꼬막은 껍질이 두껍고 단단하지만 새꼬막은 얇고 약하다. 참꼬막은 4년 정도 자라야 성패가 되고 새꼬막은 2년이면 팔 수 있다. 참꼬막은 바닷물이 빠지면 직접 널배(뻘배)를 타고 갯벌로 들어가 채취하지만, 새꼬막은 형망이라는 어구를 배에 매달아 수심 10미터 정도 되는 바닥을 긁어서 잡는다. 참꼬막은 짭조름한 맛이 더 강하고 피도 붉고 양도 많다. 벌교에서는 제사상에 올리지 않았던 새꼬막을 '똥꼬막'이라 불렀다. 이제 벌교갯벌에서 참꼬막을 구경하기 힘들다. 새꼬막도 생산량이 많이 줄었다. 올 명절에는 참꼬막 대신 새꼬막을 올려야겠다. 지구촌 환경이 변하는 것을 조상님들도 아시겠지.

꼬막비빔밥

南海

+

갯벌을 누비는
'뻘배'

여자만 장도라는 섬에 사는 박 씨 집에는 모두 네 척의 뻘배가 있다. 《표준국어대사전》에서는 배를 "사람이나 짐 따위를 싣고 물 위로 떠다니도록 나무나 쇠 따위로 만든 물건"이라 정의한다. 접두어 '뻘'은 '갯벌'을 가리킨다. 짐작하겠지만 뻘배는 갯벌 위를 오갈 때 이용하는 이동 수단이다. 길이 2미터에 폭은 45센티미터, 앞부분을 45도 내외로 구부려 갯벌을 헤치며 앞으로 나갈 수 있도록 만들어져 있다. 눈썰매와 비슷한 모양에 갯벌을 이동하는 원리도 비슷하다. 넓은 판자의 앞을 구부려 만들어서 '널배'라고도 한다.

갯벌은 펄갯벌, 혼성갯벌, 모래갯벌 등으로 나뉘는데, 뻘배는 펄갯벌에서 이용한다. 펄갯벌이 발달한 여자만이나 득량만에서 뻘배를 많이 볼 수 있다. 이곳은 큰바다로 나가는 입구는 좁고 안은 넓은 항아리 모양으로 만을 이루고 있다. 이곳 갯벌은 뻘배를 타지 않고 들어가면 늪처럼 빠져들어 한 발짝도 움직일 수 없다.

박 씨 부부는 각각 이동용과 작업용 뻘배 한 쌍씩을 갖고 있다. 장도에서는 다들 집집마다 가족 수보다 더 많이 뻘배를 갖고 있다. 이 섬에서는 뻘배를 타지 못하면 사람 구실을 못한다. 꼬막을 캐고, 낙지를 잡고, 그물을 털기 위해 갯벌로 나갈 때 반드시 뻘배를 이용한다. 마을 공동어장에서 꼬막을 캐거나 어장을 청소하는 등 울력을 할 때도 자가용처럼 뻘배를 앞세운다. 섬에서 맨땅을 오갈 때는 보행기에 의지해야 하는 어머님들도 뻘배만 타면 갯벌에서 쌩쌩 달린다. 뭍에서 시집온 며느리들이 가장 먼저 익혀야 할 것이 뻘배 타는 법이었다. 밥은 못 지어도 용서가 되지만 뻘배를 타지 못하면 구박을 받는 곳이 장도였다.

뻘배는 보성군 벌교읍만 아니라 순천시 벌량면, 여수시 율촌면과 소라면, 고흥군 과역면과 남양면 등 어촌마을 포구에서 쉽게 볼 수 있다. '보성뻘배어업'은 2015년 국가중요어업유산으로 지정되었다. 일본의 세토 내해 이사하야 만이나 유럽의 북해 네덜란드 갯벌에서도 뻘배를 볼 수 있다. 이들 지역에서는 뻘배를 해양스포츠용으로 발전시키기도 했다.

한쪽 발을 뻘배 위에 올리고, 다른 한 발로 갯벌을 밀며 앞으로 나가는 모습이 보기에는 편하고 쉬운 듯했다. 실제로 장도 부수마을에서 뻘배를 타봤다. 힘들게 뻘배를 타고 20여 미터 갯벌 가운데로 나갔다. 그런데 돌아올 수가 없었다. 기진맥진한 데다가 뻘배를 돌릴 수도 없었다. 겨우 주민의 도움을 받아 끌려 나왔다. 뻘배는 힘이 좋다고 탈 수 있는 것이 아니다. 세월로 타는 것이다.

南海

감태지

집집마다 다른 맛,
겨울이면 생각나는 맛

南海

+
전라남도 고흥군 영남면, 과역면 | 과역장, 고흥장
12월~1월 제철 | 가시파래*, 감태, 감태지, 감태김치

찬바람이 불면 나타났다가 봄바람이 불면 사라진다. 섣달부터 정월까지가 맛이 좋다. 《자산어보》에서는 "맛이 달다. 초겨울에 나서 갯벌에 자란다."고 했다. 전라도에서 겨울철 김치를 담가 먹는 가시파래(갈파랫과)로, 지역에서는 감태(갈색의 다시마목 미역과 '감태甘苔'와는 다른 것이다)라 부른다. 겨울철 바다에서 사는 해조류로 매생이, 김과 함께 삼총사로 꼽는다. 모두 갯벌, 바위, 나뭇가지 등에 포자가 붙어 자란다. 그중 감태는 녹조류로 엽체가 매생이보다 굵고 파래보다 가늘다. 수온이 올라가면 엽체가 거칠고 노랗게 변해 갯벌에서 사라진다. 서해의 가로림만·탄도만·함해만, 남해의 여자만·득량만 등 내만에 많다. 강 하구 갯벌에도 서식하지만, 강과 바다를 잇는 물길이 막히고 도심이 확장되거나 공장과 항만시설 등이 생기면서 서식지가 크게 줄었다. 겨울 가뭄이 심하거나 날씨가 따뜻하면 좋은 감태를 얻을 수 없다. 오염되지 않은 갯벌에 적절한 강우량과 추위가 더해져야 감태가 잘 자란다.

고흥에서는 과역면과 영남면 일대의 갯벌에서 주민

들이 감태를 채취한다. 특히, 영남면 해창만 입구에 위치한 사도, 취도, 첨도 일대 갯벌에서 감태가 자란다. 과역장이나 고흥장 등 고흥의 오일장이나 시장에서 감태를 만날 수 있다. 무안이나 서산 지역의 수산시장이나 오일장에서도 볼 수 있다. 감태를 채취하는 것을 '맨다'라고 한다. 허리를 굽히고 맨손으로 감태를 뜨는 모습이 마치 논이나 밭에서 풀을 매는 것과 같아 보여서다. 감태가 많이 자라는 어촌에서는 겨울에 주민들이 함께 채취해 소득을 올리기도 한다.

갯벌에서 뜯어 바닷물에 씻어 펄을 제거하고 민물에 다시 세척한 후 작은 돌이나 조개껍데기 등 이물질을 골라내야 한다. 걷기도 힘든 갯벌을 오가며 추위 속에서 채취하는 것이 번거롭지만 조리는 간단하다. 조선장에 깨와 고춧가루, 참기름 등으로 양념해 무친다. 김치가 그렇듯이 감태지 맛은 집집마다 다르다. 간단할수록 손맛이 차지하는 비중이 크다. 감태지는 곧바로 먹어도 좋지만 며칠 숙성이 되어도 좋다. 최근에는 김처럼 건조한 감태를 구워 김밥처럼 싸 먹기도 한다. 첫맛은 쌉쌀하지만 뒤에 따라오는 맛이 달작지근하다. 밥상에서 화려한 주연은 아니지만 겨울이면 생각나는 맛이다.

△ 감태지

▽ 말려서 보관하는 감태

굴장 가르기

굴과 소금, 불과 시간으로만
만들어낸 근원적 음식

봄비가 내리면 날씨가 따뜻해지고, 가을비에는 추워진다. 날씨가 따뜻해지니 표 씨의 마음이 급해졌다. 자꾸만 구석에 모셔놓은 굴젓에 눈이 갔다. 종일 불을 피우며 쳐다보고 있어야 하는데, 좀처럼 시간을 내지 못했다. 마침 주말을 맞아 비가 내렸다. 어장에 가기를 멈추고 큰솥을 걸고 불을 지폈다. 굴젓 담가놓은 통의 뚜껑을 열고 보니 40여 일 전 만들어놓은 굴젓 양이 많이 줄었다. 대신 자박자박 감칠맛 나는 굴장이 가득하다. 그 위로 살구꽃처럼 발그레한 굴이 동동 떠 올랐다. 살짝 찍어 장맛을 보니 잘 숙성된 것 같다. 대부분 어간장이 그렇듯

+
전라남도 고흥군 | 봄에 작업 | 굴장, 진석화젓

이 제 몸을 삭혀낸 굴장이다. 오롯이 굴이 품은 육즙과 천일염이 만나 숙성된 것이다. 일주일마다 뒤집기를 세 차례, 그리고 오늘 굴과 장을 분리한다. 요즘 하는 '된장 가르기'처럼 '굴장 가르기'라 해야 할 것 같다. 그렇게 걸러낸 굴장을, 미리 불을 지펴놓은 큰솥에 넣고 24시간 끓인다. 보약처럼 달인다고 해야 할 것 같다. 거품을 걷어내고 물을 부어가면서 달이기를 반복한다. 그 옆에서는 어머님 몇 분이 가을에 시작할 굴 양식을 준비하고 있다. 한켠에서는 일 년 굴농사를 준비하고, 다른 한켠에서는 일 년 먹거리를 준비한다. 그 모습이 숙연하다.

해창만을 한 바퀴 돌고 오니 그사이 굴장은 보글보글 끓으면서 갈색으로 변했다. 내일 아침이면 진한 갈색으로 바뀔 것이다. 오늘 아침 8시에 불을 붙였으니, 다음 날 아침 같은 시간까지 불을 꺼트리지 않아야 한다. 나무로 불을 지펴 끓이던 옛날에는 얼마나 힘들었을까. 고흥 섬마을 집집마다 자신들이 먹을 것과 뭍으로 나간 가족들 몫까지 만들었다. 그렇게 끓인 굴장에 갈무리해둔 굴을 올린 것이 '진석화젓'이다. 지금은 삭힌 굴과 끓인 굴장을 따로 보관한다. 고흥 섬마을에서는 그 자체로 반찬과 조미용으로도 이용했다. 김장할 때 넣기도 했다. 밥상에 다른 장은 떨어져도 이 굴장만은 끼니마다 올라왔다.

굴과 소금 그리고 여기에 시간과 불을 더했을 뿐이다. 가장 원시적이며 근원적인 음식이다.

삭힌 굴과 걸러낸 굴장

南海

첨도 바지락짓갱

봄 바지락으로
미슐랭 스타 부럽지 않은 고흥 밥상

굴은 가고 바지락의 계절이 시작되었다. 이 무렵 고흥 남쪽 바닷마을 주민들은 '바지락짓갱'으로 몸을 추스른다. 이름만으로는 상상할 수 없는 음식이다. 고흥의 작은 섬 첨도에 살았던 문자 어머니가 가을 굴 양식을 준비하느라 작업하는 분들을 위해 점심을 내왔다.

'짓갱'이 무슨 뜻이냐고 물었더니 밥과 깨를 짓이겨 만들어서 붙은 이름이란다. 걸쭉하고 텁텁한 게 죽과 국의 중간이다. 짓갱만으로도 허기를 면할 수 있지만, 밥과 함께 먹어도 좋다. 손이 많이 가는 음식이라 결혼식이나 회갑연 같은 때 잔치 음식으로 내놓았다. 즐겁고 기쁜 자

+
전라남도 고흥군 포두면 오취리 | 배편 운항 | 봄 제철

리만이 아니라 상갓집에서도 짓갱을 만들었다. 큰 솥에 끓여 찾아온 사람들에게 한 그릇씩 내놓았다.

짓갱은 먼저 바지락 살만 솥에 넣고 물을 적당히 붓고 끓인다. 너무 익히면 질기다. 육즙이 나올락 말락 할 정도로 살짝 익힌다. 이것만으로 짓갱 맛을 내기는 부족하다. 깨와 밥이 더해져야 한다. 옛날에는 돌확이나 절구에 넣고 찧었지만, 요즘은 믹서기로 갈아서 사용한다. 깨와 밥을 갈아 걸쭉하게 해서 바지락 살에 넣고 끓인다. 여기에 두부를 넣어 사치를 부린다. 마지막으로 파를 썰어 올린다.

바지락 대신 살조개(백합과)를 넣기도 한다. 그럼 조개가 귀한 겨울철에는 어떻게 했을까? 굴을 넣기도 한단다. 그래도 굴이나 살조개보다는 바지락으로 만든 짓갱이 맛이 좋다. 그런데 문자 어머니가 추천한 바지락은 살이 꽉 찬 바지락이 아니다. 살이 덜 찬 바지락이 좋단다. 그런 바지락을 어떻게 찾는단 말인가. 복숭아꽃이 필 무렵 바지락이면 된단다. 이때 바지락이 육즙도 많고 살도 질기지 않고 부드럽다. 지금껏 알이 꽉 차야 맛이 좋은 걸로 알았는데, 반전이다. 바지락짓갱만이 아니라 바지락시금치나물, 바지락톳나물, 바지락머위나물, 바지락취나물 등 바지락으로 고흥 봄 밥상이 차려졌다. 고흥에서는 봄 바지락이면 미슐랭 스타 요리가 부럽지 않은 밥상을 차릴 수 있다.

바지락짓갱

칠게간장게장

갯벌이 사라지고 칠게도 사라지니,
인간도 도요새도 낙지도 살기 힘들다

南海
~~~~

+
전라남도 고흥군 일대 및 서남해안 바닷마을
칠게*, 화랑게, 서른게, 찍게, 능쟁이, 화랑해

고흥군 과역면의 유명한 기사식당에서 칠게간장게장을 만났다. 영광이 고향인 장모님이 즐겨 드셨던 칠게간장게장이다. 꼬챙이에 꿰어 구워 간식으로 먹기도 했다. 칠게간장게장을 즐겨 먹는 곳은 영광, 무안, 신안, 목포, 해남, 강진, 장흥, 고흥 등 서남해안 바닷마을이다. 대한민국 갯벌의 42퍼센트가 있는 지역이다.

칠게는 펄이 많고 썰물에도 물기가 있는 촉촉한 서해나 남해 연안과 섬 갯벌의 조간대에 서식한다. 해남과 완도에서는 '화랑게', 영광이나 무안에서 '서른게', 부안에서는 '찍게'라고 한다. 태안에서는 '능쟁이'라 부르기도 했다. 《자산어보》에서는 '화랑해花郞蟹'라 했다. 기어다닐 때 집게발을 쳐드는 모습이 춤추는 것 같아 '춤추는 남자'를 뜻하는 화랑이란 이름을 붙였다고 했다.

칠게간장게장을 담그려면 칠게를 바지락이나 동죽처럼 해감해야 한다. 그동안 간장에 양파, 대파, 마늘, 생강 등을 넣고 중불로 달인다. 이렇게 달인 간장을 식힌 뒤 칠게가 자박자박 잠기게 붓고, 냉장보관을 한 다음에 먹으면 된다. 먹을 때 양념을 더하기도 한다. 안면도에서는 배고픈 시절 보리밥에 반찬으로 칠게간장게장을 먹었다. 무안에서는 짚불로 구운 삼겹살을 먹을 때 된장 대신 칠게를 갈아 만든 칠게장으로 싸 먹기도 한다. 칠게는 게장 외에도 튀김, 볶음, 젓갈 등 다양하게 조리해서 먹는다. 또한, 칠게를 넣어 된장찌개를 끓이기도 한다.

　칠게를 좋아하는 것은 인간만이 아니다. 사람보다 칠게를 더 좋아하는 생물이 낙지다. 그래서 낙지를 잡는 연승(낚시)어업에 미끼로 사용하는 것이 칠게다. 알락꼬리마도요도 칠게를 아주 좋아한다. 구부러진 긴 부리는 칠게를 잡기 좋게 진화했다. 최근 간척과 매립으로 서식지가 사라지고 어민들이 불법어구를 사용하면서 수난을 겪고 있다. 점점 밥상에서 우리 칠게를 만나는 것도 어려워지고 있다. 갯벌은 인간에게만 아니라 도요새나 낙지에게도 꼭 있어야 할 생태자원이다.

취도 진석화젓

겨울 바다의 맛을
두고두고 먹으려고 만든 굴 음식

겨울 바다의 맛은 굴 맛이다. 생굴부터 굴구이, 굴국밥, 굴튀김, 굴전, 굴젓갈까지 굴 음식의 진화는 끝이 없다. 굴 소비가 가장 많은 때는 김장철이다. 전국 밥상에 바다향을 전하고 남은 굴은 오래 두고 먹을 수 있도록 굴젓을 만들었다. 통영에 물굴젓, 간월도(충남 서산)에 어리굴젓이 있다면 고흥에는 진석화젓이 있다.

생굴을 찾는 사람들이 뜸하면 남은 굴을 모아 천일염과 버무려 한 달 이상 숙성시킨다. 그런 다음 굴은 남기고 갈색으로 변한 국물만 따라 솥에 넣는다. 마치 약을 달이듯이 민물을 넣어가며 24시간을 달인 후 식혀서 다시

+
전라남도 고흥군 포두면 오취리 해창만 일대 | 봄에 담가 사시사철

남겨놓은 굴에 붓는다. 그러고는 일 년을 숙성시켜 내놓는 것이 진석화젓이다. 포두면 해창만 바닷마을에서 만들어 먹던 음식이다. 간척으로 갯벌이 논으로 바뀌기 전에는 배를 타고 가야 했지만 지금은 차를 가지고 들어갈 수 있는, 100여 가구가 사는 섬마을이다. 대부분 굴 양식으로 생계를 잇고 있다. 진석화젓은 손이 많이 가고 시간을 두고 기다려야 하는 음식이라 그 명맥을 잇는 사람이 줄어들었지만 취도에서는 고집스럽게 만들고 있다.

전기도 들어오지 않던 시절에 굴을 두고두고 먹을 수 있는 방법을 찾다가 만든 음식이다. 당시에는 굴과 소금의 비율을 3 대 1로 버무려 짜게 만들었지만 요즘은 8 대 1로 만든다. 냉장보관을 할 수 있어 짜게 담그지 않아도 되고, 소비자들도 염도가 낮은 진석화젓을 원해서다. 초기에는 한정식집이나 고향 사람들이 많이 찾았다. 진석화젓은 일 년 후 다시 국물만 따라서 같은 방법으로 달여 부어놓으면 맛이 더 깊어진다. 해가 지나면 굴은 삭아 형체를 알 수 없고 장만 남는다. 진석화젓은 굴이 아니라 장을 먹기 위한 것이다. 그 맛이 진간장 맛과 비슷하다. 그냥 먹어도 좋지만 파와 마늘과 깨를 넣고 양념을 해도 좋다. 또한, 김장이나 무침, 국에도 이용했다. 콩도 소금도 귀한 작은 섬에서 콩장 대신 만들어 먹었다.

南海

진석화젓

피굴

껍데기의 고갱이까지 오롯이 담아낸
굴 음식의 정수

南海

+

전라남도 고흥군 향토음식 ｜ 전라남도 보성군 벌교읍 장도리

피굴을 처음 맛본 곳은 보성군 벌교읍 장도리였다. 장도에서만 만들어 먹는 음식으로 알았는데, 《전통향토음식 용어 사전》에는 고흥 향토음식으로 소개되어 있다. 피굴은 갯벌이 발달한 두원면, 과역면, 남양면, 점암면, 포두면, 풍양면 등 고흥의 겨울밥상 단골 찬이었다. 굴이나 꼬막, 바지락이 충분하게 자랄 때까지 채취를 금하는 것을 방천이라 하는데, 방천을 트는 날이면 어김없이 상에 올랐다. 고흥방조제와 득량만방조제로 갯벌이 사라지고 물길이 막히기 전에는 참꼬막이 지천이어서 내다 팔았다. 피굴은 마을에서 찬으로 먹던 음식이었다. 겨울에 치르는 대소사와 제사에도 피굴을 올렸다. 이웃 섬 장도와 중매쟁이가 오갔으니 솜씨인들 두고 갔겠는가.

피굴은 통영의 큰 굴이나 백령도의 알이 작은 굴이 아니라, 갯벌에 들고 나는 바닷물에 단련된 적당한 크기의 굴로 만든다. 갯벌에 박아놓은 나뭇가지에 굴 유생이 붙어 자라다가 갯벌에 떨어져 자란 굴들이다. 향이 강하고 살이 단단한 굴이다. 우선 갯벌에서 굴을 캐서, 뭍으로 가져와 깨끗하게 씻는다. 피굴을 만드는 굴은 특히 여러 번 씻어야 한다. 지금은 장화도 있고 고무장갑도 있지만 옛날에는 양말을 덧신고 장갑도 없이 굴을 캤다. 점암면 안치마을에 사는 팔순의 정 씨 어머님은 피굴을 만들 때 껍데기 안에 품은 물을 버리지 않고 모아서 사용했다. 굴을 삶은 다음 굴 껍데기나 이물질은 가라앉히고 웃물만 따라 내기를 몇 차례 반복해 맑고 깨끗한 굴 육수를 준비한다. 그리고 깐 굴을 넣고 다진 파, 참깨, 참기름 등을 고명으로 올린다. 시원하고 담백한 굴냉국이다. 간간하면 샘물을 넣어 간을 맞췄다. 굴을 삶을 때는 입이 벌어지기 전에 꺼내야 한다. 너무 삶으면 굴 알이 질겨지고 육즙도 사라지기 때문이다.

과일도 껍질에 온갖 영양분이 다 모인다. 굴도 그렇단다. 수온과 햇볕, 파도 그리고 호시탐탐 굴을 노리는 외부의 적까지 온갖 역경을 이겨내야 하니, 껍데기를 만드는 데 얼마나 많은 정성과 에너지를 쏟았겠는가. 껍데기의 고갱이까지 오롯이 담아내는 피굴은 굴 음식의 정수다. 삶은 고둥을 까서 된장을 푼 시원한 물에 넣어 시원하게 마시는 인천의 갱국과 비슷한 음식이다.

황가오리회

이 생선에서 찰진
한우 생고기 맛은 어찌된 일인가

"잡사봐야 알어. 말로 설명하면 알겠소?"

맞는 말이다. 그 맛을 어떻게 말로 대신하겠는가. 탁
자 몇 개 놓고 밥과 술을 파는 옴팡진 식당(도라지식당) 안
주인이 하는 말이다. 남편은 한쪽에서 서대를 갈무리하
는 중이다. 점심 예약이 들어온 모양이다. 안주인은 혈합
육 색이 선명한 황가오리를 접시에 담는 중이다. 드디어
황가오리회 맛을 제대로 보게 될 모양이다.

황가오리는 여름철 서남해안에서 잠깐 잡히는 까닭
에 식단에 올려두고 판매하는 곳이 많지 않다. 색가오릿
과에 속하는 노랑가오리지만 '황가오리'라 해야 그 맛이

+
전라남도 고흥군, 신안군 일대 | 여름 제철 | 노랑가오리*, 황가오리

떠오른다. 황가오리는 갯장어, 민어와 함께 여름을 대표하는 어류로 꼽힌다. "여름을 나려면 황가오리 신세를 져야 한다."는 말도 있다. 신안의 한 섬에서 만난 주민이 들려준 이야기에 따르면, 섬사람들은 말려서 보관했다가 관절이 아프면 쪄서 먹기도 했단다. 황가오리는 겨울철에는 태평양 깊은 바다에서 생활하다 봄이 되면 연안으로 올라와 모래와 갯벌이 발달한 내만에서 산란한다. 영광에서는 미끼를 끼우지 않고 빈낚시를 여러 개 매달아 황가오리가 이동하는 길목에 놓아 잡는다. 여수나 고흥에서는 미끼를 끼운 주낙을 이용해서 잡는다. 고흥 식당에서 만난 황가오리는 고흥 녹동에서 가져온 것이다.

기다리는 동안 열무김치, 깻잎장아찌, 콩나물, 부추 숙주나물이 차려졌다. 이 반찬만으로도 점심을 해결하는데 부족함이 없을 것 같다. 드디어 기다리던 황가오리가 올라왔다. 고소한 참기름장, 주인이 직접 만든 쌈장과 함께 따뜻한 밥이 더해졌다. 안주인이 젓가락을 집더니 덥석 선명한 회를 한 점 집어 참기름을 찍어 입에 넣어주었다. 주춤할 사이도 없이 입안으로 황가오리 한 점이 들어왔다. 익숙한 맛이다. 전라도 사람들이 기억하는 찰진 한우 생고기 맛이다. 어떻게 이런 맛이 날까. 주인은 황가오리가 15킬로그램이나 20킬로그램은 되어야 이 맛이 난다고 했다. "인자 깻잎에 밥을 올리고 된장으로 싸 잡솨볼쇼. 맛이 다르요." 하고는, 막 들어온 남자 여섯 명을 반겼다. 서대회무침을 주문한 단골손님들이다.

황가오리회

+

서해와 남해의
주꾸미볶음

사월은 벚꽃 계절이다. 남쪽에서 벚꽃이 북상하기 시작
하면 바다에서는 주꾸미가 뭍에 오르기 시작한다. 주꾸미는 남해 여자만에서
서해 경기만까지, 강진 마량어시장에서 진해 용원어시장까지 서해와 남해에서
만날 수 있다. 주꾸미를 잡는 방법은 계절과 장소에 따라 다르다. 어민들은 소라
껍데기를 엮은 '소라방'이나 통발, 안강망을 이용하고, 생활낚시인들은 낚시로
잡는다. 가을에 득량만에서는 소라방으로 잡고, 겨울에는 칠산바다에 놓은 안
강망 그물에 올라온다. 낚싯배들이 많은 포구에서는 가을철이 되면 주꾸미 낚
시를 즐기려는 낚시객들로 성황이다.

그래도 주꾸미는 봄맛이다. 20여 년 전까지는 부안군 곰소어시장이 으뜸이
었다. 새만금방조제가 막히기 전까지는 그랬다. 봄이 되면 아버지 생신을 핑계
로 전국에 흩어진 가족들이 곰소에 모여 주꾸미로 봄맛을 즐겼다. 금강, 만경강,
동진강이 만들어내는 하구갯벌은 주꾸미가 산란하기에 최고의 장소였다. 물길

이 막히면서 가족모임도 멈췄다. 더 이상 곰소를 찾아야 할 이유가 사라졌다.

주꾸미의 맛을 일찍이 간파한 것은 충무김밥을 만들던 할매들이었다. 주꾸미가 흔하고 값도 헐하던 때였다. 매콤한 주꾸미무침은 섞박지 무김치와 함께 충무김밥과 어울리는 천생연분이었다. 주꾸미 몸값이 비싸지면서 그 자리를 오징어와 수입산이 차지했다. 주꾸미는 싱싱할 때는 산낙지처럼 회로 먹기도 하지만 볶음이 먼저 떠오른다. 봄 채소와 함께 달콤하고 매콤하게 볶은 주꾸미는 잃은 입맛을 찾는 데 제격이다. 데쳐 먹을 때는 다리는 살짝, 머리는 푹 삶아야 한다. 그러는 동안 시금치, 배추, 냉이 등을 살짝 데쳐 곁들이면 좋다. 국물은 밥을 넣어 뭉근하게 죽을 쒀도 좋고, 라면을 끓여 먹어도 좋다. 봄 주꾸미보다 가을 주꾸미를 제철로 꼽는 식객도 많다. 《자산어보》에서는 주꾸미를 준어蹲魚, 속명으로 죽금어竹今魚라 했다. 《임원경제지》의 《전어지》에서는 "초봄에 잡아서 삶으면 머릿속에 흰 살이 있으며, 찐 밥과 같은 알갱이들이 가득 차 있다."라고 했다.

주꾸미볶음

순천만 대갱이탕

손은 많이 가지만,
'맛의 방주'에 선정된 잊어서는 안 될 맛

南海

+
전라남도 순천시 순천만, 여수시 여자만 일대 | 영광군 염산, 무안군 일로장,
목포건어물시장, 벌교장, 순천아랫장 | 개소갱*, 대갱이, 해세리, 대광어

대갱이로 탕을 끓여 밥상에 올리려면 사흘이 필요하다. 순천만에 있는 대대마을의 한 식당(순천만 가정식 식당)에서 들은 이야기다. 멸치가 귀한 순천, 벌교, 영광 등에서는 탕보다는 양념무침을 해서 아이들 도시락 반찬으로 넣어주었다. '대갱이'라는 이름이 생소한 분이 많을 것 같다. 어류도감에는 '개소겡'이라 되어 있다. 농어목 망둑엇과 바다생물로 《자산어보》에서는 '해세리海細鱺', 속명은 '대광어臺光魚'라 했다. 그 특징으로 "몸통은 손가락처럼 가늘고, 갯벌에 숨어 산다. 말리면 맛이 좋다."고 했다. 자세히 살펴보면 눈은 작고 껍질에 묻혀 있다. 비늘도 눈에 보이지 않을 만큼 작고 피부에 묻혀 있다. 펄 속에서 생활하면서 눈과 비늘이 퇴화되었기 때문이란다. 대갱이는 뼈가 억센 데다 살도 적다. 게다가 짱뚱어나 칠게처럼 값도 후하지 않고 찾는 사람도 적다. 잡기도 어렵지만 잡힌다고 해도 버리기 일쑤라 생물로 구하는 것이 쉽지 않다.

대갱이탕은 순천과 벌교 사람들이 미꾸리 대신 끓여 먹는 가정식 보양탕이다. 대갱이는 영광군 염산, 무안군 일로장, 목포건어물시장, 벌교장, 순천아랫장 등의 건어물 가게에서 눈에 띈다. 봄부터 가을 사이에 여자만 근처 어촌에서는 빨랫줄이나 건조대에 대갱이가 줄줄이 걸려 있는 모습을 볼 수 있다. 순천이나 벌교에 있는 백반집에서 간혹 대갱이 마른반찬을 맛볼 수 있다. 하지만 대갱이탕은 찾기 어렵다. 대갱이탕은 얼핏 보면 시래기된장국처럼 보인다. 뼈가 억세서, 미꾸리처럼 뼈째 갈아 손쉽게 요리할 수는 없다. 갯벌에서 잡아온 대갱이는 손질해서 푹 삶은 후 건져내 살만 발라낸다. 발라낸 살과 시래기를 넣고 된장을 풀어서 끓인다. 오래 기다려서일까. 간절하게 맛보길 바라서일까. 한 수저 입안에 넣고 감탄했다. 비린내가 없고 국물이 진하다. 짱뚱어에게는 미안하지만 앞으로 당분간 대갱이를 찾을 것 같다. 손이 많이 가는 탓인지 맛볼 수 있는 식당이 드물다.

대갱이는 국제슬로푸드 생명다양성재단이 추진하고 있는 '맛의 방주'에 등재되었다. '맛의 방주'는 "잊혀가는 음식의 맛을 재발견하고 멸종위기에 놓인 종자나 음식을 찾아 기록해 널리 알리는" 프로젝트다.

南海

△ 순천만 바닷가에 건조 중인 대갱이

▽ 대갱이탕과 무침

와온마을 서대감자조림

햇감자가 더하는 감칠맛,
물 좋고 맛 좋은 계절의 맛

南海

\+
전라남도 순천시 해룡면 상내리 와온마을 | 6월~10월 제철 | 참서대*

"우리 식당은 산분해간장을 사용하지 않습니다." "우리 식당은 발효간장만 사용합니다." 냉장고 위에 써 붙인 글씨에서 식당 주인의 음식철학을 읽을 수 있다. 노을이 아름다운 순천만 와온마을의 작은 식당이다. 서대조림을 비롯해 병어조림과 갈치조림 등 조림 전문식당이다. 어찌어찌해서 순천만 바닷가 마을에 자리를 잡았지만, 그녀는 거문도에서 태어나고 여수에서 자랐다. 서대, 병어, 갈치조림을 대표 음식으로 선택한 것도 그녀가 가장 많이 접하고 먹었던 음식이기 때문이다. 그녀는 여름철로 접어들 무렵 햇감자를 썰어 넣고 서대조림을 만들었다. 철 지난 무보다 햇감자가 더 감칠맛을 내고 맛이 진했다. 입소문으로 찾아온 손님들이 서대조림보다 비싼 병어조림을 원해도 서대가 제철일 때에는 물이 좋고 맛이 좋은 서대감자조림을 권한다.

서대는 회, 찜, 탕 등 어느 것으로 조리해도 좋다. 어떻게 조리하든 서대만 신선하면 맛이 좋다. 그래서 매일 여수여객선터미널 근처에 있는 중앙시장에서 위판이 끝난 생물을 구입한다. 그녀가 손님들에게 음식을 내기 위해 미리 준비하는 것은 장이다. 메주를 쒸서 장을 담그는 것은 기본이고, 거문도에서 즐겨 먹었던 어간장도 준비해둔다. 그래서 '가정식'이라 이름을 붙였다. 서대조림과 함께 내놓은 반찬은 화려하지 않지만 정성이 가득하다. 두릅장아찌, 칠게젓갈, 멸치볶음, 꼬막무침, 미나리갑오징어무침 등 봄철에 어울리는 것으로, 순천만갯벌이나 들판에서 나는 것들이다. 서대는 아침에 중앙시장에서 구입한 참서대다.

조림은 정성과 시간이 필요하다. 미리 재료를 만들어놓았다가 내는 것이 아니다. 그래서 예약한 손님만 받는 것을 원칙으로 하고 있다. 예약을 하지 않았다면 기다려야 한다. 때로는 식사를 하지 못하고 돌아서는 사람도 있다. 혼자서 음식을 만드니 손이 부족해 자리가 있어도 음식을 내줄 수 없기 때문이다. 예약한 손님이 자리에 앉으면 음식을 만들기 시작한다. 그녀가 고집하는 조리법이다. 조만간 병어조림도 맛볼 생각이다.

장을 담글 때도 건어물을 넣는다

순천만 짱뚱어탕

서남해 여행 계획이라면
여름 보양식으로 꼭 드시기를

南海
〰〰〰

+

전라남도 순천시 순천만 및 서남해안 일대 | 여름 보양식 | 짱뚱어*, 탄도어

벌교를 지나 화포로 가는 길이다. 이곳부터 맞은편 와온까지 이어지는 갯벌이 순천만이다. 이 길에서 허기질 때면 묻지도 따지지도 않고 짱뚱어탕을 찾는다. 여름이나 가을철이면 더욱 좋다. 지역 주민들이 여름철 보양식으로 즐겨 먹던 음식이다.

짱뚱어는 펄갯벌이 발달한 여자만, 득량만, 도암만, 탄도만, 신안갯벌 등 서남해안 연안에서 볼 수 있다. 농어목 망둑엇과 갯벌생물이다. 눈이 머리 위로 툭 튀어나와 있고, 물이 빠진 갯벌에서도 가슴지느러미를 이용해 걷거나 뛰듯이 다닌다. 겨울에는 갯벌 깊은 곳에서 잠을 잔다. 잠을 많이 자는 사람을 '잠퉁이'라 하는데, 짱뚱어 이름이 여기에서 비롯되었다고도 한다. 튀어나온 눈 덕분에 사방을 볼 수 있어 적이 나타나면 순식간에 구멍 속으로 숨는다. 그 행동이 너무 빨라 '탄도어'라 했다.

이렇게 날렵한 짱뚱어는 어떻게 잡을까? 낚싯바늘 네 개를 갈고리처럼 묶어 줄에 매달아 물이 빠진 갯벌 위에서 먹이활동을 하는 짱뚱어를 낚아챈다. 이를 '훑치기낚시'라고 한다. 순천만에서 만난 주민은 훑치기낚시에 익숙해지려면 5~6년, 생계용으로 한다면 10년 이상 경험해야 한다고 했다. 또한, 펄갯벌을 이동하면서 낚시를 해야 하니 '뻘배 면허'는 필수로 갖고 있어야 한다.

짱뚱어는 구이와 튀김, 탕으로, 드물게 회로도 먹는다. 처음 짱뚱어탕을 먹었던 곳은 신안 증도의 한 식당이다. 그때만 해도 짱뚱어탕은 식당에서 먹기보다는 주민들이 여름철에 보양식으로 만들어 먹던 음식이었다. 순천만의 한 식당 주인은 작은 짱뚱어를 손질하면서 내장을 버리고 손톱만 한 작은 애만 갈무리해두었다. 홍어탕에 애가 꼭 들어가야 하듯이 짱뚱어탕도 애가 들어가지 않으면 제맛이 나지 않는다고 한다. 지금도 신안이나 무안갯벌에는 짱뚱어가 많이 서식하지만 생계용으로 잡는 주민은 거의 없다. 하지만 벌교, 순천, 보성, 강진에는 짱뚱어 훌치기낚시 달인이 많다. 낚시 외에 맨손으로 잡기도 하고, 작은 그물을 놓아 잡기도 한다. 순천, 벌교, 강진 등 서남해로 여름 여행을 계획했다면 보양식으로 짱뚱어를 권한다.

거문도 삼치회

겨울철 입안에서 펼쳐지는
싱싱한 은빛 향연

　　　　　이곳 삼치를 보면 마음이 아프다. 등대 앞에 펄럭이는 태극기를 봐도 슬프다. 바다의 가치와 섬의 소중함을 인식하지 못한 탓에, 영국군이 머물고 일본인이 들어와 마을을 이루며 거문도 어장을 휩쓸었다. 나로도와 거문도 사이에 있는 바다는 조선시대에도 왜구들이 탐했던 황금어장이었다. 찬바람이 불기 시작하면 이곳 바다에서는 은빛 향연이 펼쳐졌다. 그 주인공은 삼치다.

　　삼치는 따뜻한 바다를 좋아한다. 겨울철이면 수심이 깊은 남쪽 바다로 내려가 생활하다, 봄철 수온이 올라가면 연안으로 올라와 알을 낳는다. 몸을 만들어 겨울을

+

전라남도 여수시, 고흥군 | 겨울 제철 | 삼치*, 망어

227

나는 곳이 거문도 일대의 바다다. 물낯(수면)에서 자동차가 달리는 속도로 유영을 하면서, 갈치나 전갱이, 멸치 등을 잡아먹는다. 그러다보니 반짝이는 것들을 쫓아와 덥석 무는 습성이 있다. 그래서 배에 장대를 걸고 줄을 매단 후 미끼 대신 은색비닐을 매달아 던지고 빠르게 달리면서 유혹해 삼치를 잡는다. 이를 '끌낚시', 어민들은 '끌발이'라 한다. 이는 줄에 낚시를 매달아 끌고 달리면서 물고기를 잡는 어법(예승曳繩)으로, 다랑어나 삼치 등을 대상으로 한다.

일제강점기에 본격적으로 잡기 시작했다. 삼치를 특히 좋아했던 일본인 식문화도 한몫했다. 일제강점기 삼치 철이면 거문도 일대에는 배들이 모여들었고, 거문도에는 삼치 파시가 형성되었다. 삼치 한 마리가 쌀 한 가마니라는 말이 있을 만큼 값도 좋았다. 조선시대에는 삼치를 '망어'라 했던 탓에 선비들 앞길을 막는 물고기라 여겨 양반가에서 멀리했다. 살이 물러 쉽게 상하는 탓에 염장이나 빙장을 하지 않으면 내륙으로 운반하기 어려워서, 지금도 끌낚시로 잡은 삼치는 곧바로 얼음에 묻어 보관한다.

그물로 잡은 것보다 낚시로 잡은 것이 싱싱하고 상처와 스트레스도 없어 횟감으로 으뜸이다. 여수나 고흥에서는 겨울철이면 삼치를 회로 즐긴다. 삼치회는 김에 싸서 양념장을 얹어 먹는다. 이때 묵은 김치를 올리기도 하고 갓김치를 더하기도 한다. 양념장도 지역과 취향에 따라 다르다. 김 대신 봄동에 싸 먹기도 한다. 따뜻한 밥 과 함께 먹으면 더욱 좋다.

거문도식 삼치회

거문도 엉겅퀴된장국

엉겅퀴의 쌉쌀한 맛, 갈치 살의
달달함이 어우러진 고향 이야기

南海

+
전라남도 여수시 삼산면 | 배편 운항 | 엉겅퀴*, 항가꾸

그녀는 힘들 때면 거문도로 가서 어머니의 맛을 찾는다. 거문도는 뭍으로 나가기 전까지 그녀가 살던 고향이다. 그 맛을 기억하며 노을이 아름다운 순천만 와온마을에 밥집(해반)을 차리고 위로가 필요한 사람들에게 밥을 내놓는다. 갈치조림이나 병어조림이 주메뉴지만 가끔은 식단에 없는 '엉겅퀴된장국'을 내놓을 때도 있다. 어머니의 손맛이 그리울 때다.

거문도에서는 엉겅퀴를 '항가꾸'라 한다. 여름이 지나고 꽃이 피고 진 후 다시 돋아나는 여린 잎과 줄기는 가시가 연해 이용하기 좋다. 이 무렵이면 제주에 머물던 갈치들이 거문도 주변으로 올라와 어장이 형성된다. 이때 푹 삶은 엉겅퀴에 간이 배도록 조물조물 된장으로 무친 후 갈치를 넣고 푹 끓인다. 엉겅퀴의 쌉쌀한 맛과 된장이 갈치의 비린내도 잡고 살의 달달함과 어우러져 깊고 깔끔한 맛을 낸다.

거문도는 유인도인 동도-서도-고도가 다리로 연결되어 있다. 엉겅퀴는 섬 전체에 흔했는데, 특히 서도의 녹산등대로 가는 오솔길에 많았다. 또한, 거문도 사람들의 갈치 사랑은 유별났다. 풀치(갈치 새끼)는 말려서 멸치처럼 볶아 밥상에 올렸다. 큰 갈치는 머리는 다지고 내장과 버무려 갈치젓을 담고, 살은 구이와 조림, 국으로 즐겼다. '거문도 갈치속젓'이 그냥 나온 말이 아니다. 또한, "갈치뱃살(배진대기) 맛을 잊지 못해 거문도 큰애기 시집 못 간다."고 했다. 강강술래에도 "못 가건네 못 가건네 놋잎 같은 갈치뱃살 두고 나는 시집 못 가건네."라는 매김소리가 있다.

옛날에는 세 개의 노로 젓는 젓거리배를 타고, 소나무 관솔로 불을 밝히고 갈치를 잡았다. 한 개(보술)나 두 개(서부술)의 낚싯바늘을 줄(술)에 매달고 손으로 낚는 채낚기 어법이다. 성미가 급한 갈치는 물 밖으로 나오면 은빛비늘이 벗겨지고 쉬 상하므로 얼음물에 보관했다. 이렇게 잡은 갈치는 꾸덕꾸덕 말렸다가 상인이 들어오면 팔아서 쌀과 생필품을 구했고, 집집마다 갈치와 엉겅퀴로 된장국을 끓였다. 이제 예전처럼 갈치가 잡히지 않고, 손이 많이 가는 엉겅퀴된장국 맛도 잊히고 있다. 오랜만에 그녀가 내놓은 엉겅퀴된장국을 앞에 두고 거문도 이야기를 들었다.

꽃이 지고 새로 돋아난 엉겅퀴 줄기

군평선이구이

조기보다 귀한 대접을 받는,
느림으로 만들어진 감칠맛

南海
〜〜〜

+
전라남도 여수시 삼산면 | 여름 제철
군평선이*, 샛서방고기, 금풍생이, 딱돔, 골도어, 닥도어 여수 사람들은 생선을 좋아한다. 서대나 갯장어도 좋아하지만 그보다 더 사랑하는 생선이 '군평선이'다. '샛서방고기'라는 별칭이 흥미롭다.《표준국어대사전》은 '샛서방'을 "남편이 있는 여자가 몰래 관계하는 남자"라고 정의한다. 너무 맛이 좋아 남편보다 샛서방에게 숨겨두었다가 주는 생선이라는 의미란다. 그 이름의 내력은 이렇게도 전해온다. 이순신이 전라좌수사로 내려왔을 때 식사 시중을 들던 평선이라는 기녀가 있었다. 하루는 생선을 구워 올렸는데 그 맛이 장군의 입맛에 딱 맞았다. 맛이 일품이라 이름을 물었으나 아는 사람이 없었다. 장군은 평선이가 구웠으니 '군평선이'라 부르도록 했다는 것이다.《자산어보》에서는 '골도어骨道魚', 속명으로 '닥도어多億道魚'라 했다. 그리고 "생김새는 강항어와 비슷하며, 뼈가 단단하고 맛이 싱겁다."고 했다. 강항어는 참돔을 가리킨다. 여수 사람은 '금풍생이'라 부르고, 해남이나 진도, 목포에서는 '딱돔'이라 한다. 여수 사람들은 구이를 즐겨 먹지만, 다른 지역에서는 탕을 끓여 먹기도 한다.

군평선이는 회갈색 몸에 6개의 갈색 가로띠가 있다. 돔류가 대부분 그렇듯 뼈는 억세지만 잔가시가 없어 구워서 발라 먹기 좋은 생선이다. 서남해 먼바다에서는 안강망으로 잡고, 해남 땅끝 연안에서는 새우잡이 자루 그물을 끌어 잡는다. 진도에서는 멸치잡이 낭장망에 걸려 올라온다. 군평선이는 갯벌이 발달한 저층에서 작은 새우나 갯지렁이를 먹고 자라므로, 바닥에 그물을 내려야 잡을 수 있다. 갯벌에서 새우를 먹고 자란다면 그 맛은 합격이다. 게다가 더디게 자라는 물고기라면 감칠맛은 의심할 여지가 없다. 맛은 느림으로 만들어진다. 오롯이 군평선이만 잡겠다고 그물을 놓지 않는다. 그래서 '손님고기'라고도 한다. 어쩌다가 올라오니 더 맛있는 것일까. 《한국 어도보》에서는 "여수시장의 군평선이가 가장 맛있다."고 했다.

교동시장 골목식당 가운데 금풍생이를 잘 구워주는 식당이 몇 집 있다. 서너 명이 함께 탕과 구이를 주문한다면 값과 양이 안성맞춤이다. 군평선이는 구울 때도 탕을 끓일 때도 내장을 빼지 말아야 한다. 구이는 양념장을 올리거나 찍어 먹는다. 여수에서는 조기보다 귀한 대접을 받는 생선이다.

금오도 쏨뱅이탕

가시와 독이 있지만,
그래서 오래 곁에 있어 고맙다

　　　　　여행객들은 여수에 오면 서대를 많이 찾는
다. 하지만 여수 토박이들은 쏨뱅이를 더 사랑한다. 특히
겨울철이면 시원한 쏨뱅이탕을 좋아한다. 금오도와 소리
도 인근 크고 작은 섬 주변이나 거금도나 나로도 일대는
쏨뱅이가 서식하기 좋은 바다다. 영역을 지키는 습성이
강한 탓에 서식지를 잘 아는 주민들에게 사랑받는 바닷
물고기다. 갯바위에는 미역이나 해조류가 자라고 그 바
위 주변에 쏨뱅이가 많다. 이런 곳을 '걸밭'이라 한다. 쏨
뱅이는 다른 이름으로 '돌우럭'이라 하며, 영어로도 '락

+
전라남도 여수시 남면 금오도 및 소리도, 거금도, 나로도
겨울부터 봄까지 제철 | 쏨뱅이*, 돌우럭, 락피시, 삼식이, 삼뱅이

피시rockfish'라 부른다. 또한, '쏘다'라는 말에서 이름이 비롯되었다는 설도 있다.

여수 사람들은 쏨뱅이보다 쑤기미를 즐겼지만, 한철 잡히는 쑤기미보다 사철 손맛을 보는 쏨뱅이가 장사하기는 더 낫다. 게다가 무슨 일인지 쑤기미가 잘 잡히지 않는다. 두 생선은 모두 쏨뱅이목 양볼락과에 속하는 바닷물고기다. 쑤기미는 지느러미 가시에 맹독을 가지고 있어 어민들도 두려워하는 물고기다. 여수의 한 식당 주인도 손질을 하다 가시에 찔려 곧바로 병원으로 실려 갔던 기억을 떠올렸다. 쏨뱅이도 강한 가시를 가지고 있어 손질할 때는 물론 먹을 때도 주의해야 한다. 쏨뱅이는 대가리 부분이 차지하는 비중이 상대적으로 크고, 뼈가 단단하며 가시가 억세다. 생김새는 우럭으로 알려진 조피볼락과 비슷하다.

모두 겨울철 시원한 탕으로 제격이다. 쏨뱅이는 '죽어도 삼뱅이'라 할 만큼 맛있는 생선이다. 다만, 손질이 번거롭고 수율이 낮아 식당에서 쉽게 만나기 어렵다. 쏨뱅이목에 속하는 어류는 우럭, 조피볼락, 양태 등이다. 꼼치(물메기), 미거지(물곰)도 쏨뱅이목이다. 쏨뱅이는 돌틈에 낚시를 드리워 잡는다. 사철 잡히지만 찬바람이 부는 겨울부터 남풍이 불어오는 봄까지 맛이 좋다. 이때 살이 오르고 단단하다. 서식처를 잘 아는 주민들이 낚시로 잡아서 싱싱할 때는 탕으로 끓이고, 말려서 찜이나 구이로 즐긴다. 튀김도 좋다. 낚시인들에게 외면받는 가시와 독이 있어 주민들 곁에 오래 머물 수 있었는지 모르겠다.

쏨뱅이탕

돌게장

볼품은 없어도 착한 가격에
꽃게장 부럽지 않은 밥도둑

南海

+

전라남도 여수시 봉산동 | 민꽃게*, 돌게, 독게, 뻘떡게, 벌덕궤, 무해, 박하지

"사장님, 여기 공기 하나 추가요." 여수시 봉산동 간장게장 집에서 흔히 들을 수 있는 말이다. 한때는 줄을 서서 기다려야 먹을 수 있었지만, 요즘은 비교적 한산하다. 그래도 주말이면 자리를 찾아 두리번거려야 한다. 모두 게장백반을 찾는 식객들이다. 이 게장백반의 주인공을 '돌게' '독게' 혹은 '뻘떡게'라고 부른다.《자산어보》에서는 속명은 '벌덕궤'라 했다. 어류도감에 소개된 이름은 '민꽃게'다. 비린내가 강한 고등어를 미끼로 넣은 통발로 잡기도 하고, 물이 빠지면 돌 밑이나 바다풀 아래에서 집게로 줍기도 한다.《자산어보》에서는 민꽃게는 "남해에 산다. 집게발은 가장 날카로워 낫으로 풀을 베듯이 물체를 잘라낸다."고 했다. 잘못하여 집게발에 물리면 손가락이 끊어질 듯이 고통스럽다. 적이 공격하면 집게발을 높이 들어 방어한다. 그 모습을 두고 정약전은 "춤추는 게", 무해舞蟹라 표현했다. 충청도에서는 '박하지'라고도 한다.

게장은 돌게장, 꽃게장, 참게장, 털게장, 황게장, 범게장 등 다양하다. 그중 돌게장이 가장 볼품없고, 살이 적고 껍데기가 딱딱하다. 이 게장은 살을 탐하는 것이 아니라 장을 먹기 위한 것이다. 집집마다 간장을 달일 때 넣는 재료가 달라 맛도 제각각이다. 양파, 대파, 고추, 마늘, 생강, 청주는 기본이며, 여기에 다시마, 버섯, 대추, 호박, 사과, 감초 등 다양한 재료를 더해 달인다. 달인 간장을 손질한 돌게가 잠길 정도로 붓고 사흘 정도 지나면 감칠맛이 도는 돌게장이 된다. 여수 게장백반의 주인공이다. 돌게장은 값이 착해서 좋다. 무한제공으로 손님을 유혹하는 집도 있다. 꽃게장으로는 상상할 수 없는 상술이다. 따뜻한 밥을 지주식 김에 싸서 잘 숙성된 돌게장에 찍어 먹는 맛은 꽃게장이 부럽지 않다. 지치기 쉬운 계절이 다가온다. 여수 간장게장을 추천한다.

새조개삼합

몸값 비싸지만 달콤하고 부드러운
그 맛을 놓칠 수 없다면

넙너리에 배가 닿자 조가비가 노란 조개들이 내려진다. 가막만에서 막 건져 온 새조개들이다. 가막만은 여수반도 끝에 있는 내만이다. 신월항 넙너리와 가깝다. 그곳에서는 물 좋은 새조개를 구할 수 있고, 맛볼 수 있는 식당도 있다. 새조개를 정말 좋아하는 사람들은 일본인들이다. 그들은 새조개를 초밥으로 즐긴다. 그 덕분에 1970년대 남해안에서 채취한 새조개는 부산을 통해 일본으로 전량이 수출되기도 했다. 1990년대 후반까지 그랬다고 한다. 지금 여수는 새조개 철이다.

새조개는 수심이 10미터 내외로 깊지 않고 펄이 발

+
전라남도 여수시 신월동 ｜ 겨울부터 봄까지 제철 ｜ 새조개*, 갈매기조개, 오리조개달한 데서 잘 자란다. 새조개는 배로 조개그물(형망)을 끌어서 잡는다. 달콤하고 부드러워 일찍부터 초밥 재료로 이용한 명품 조개다.《자산어보》에서는 "조가비가 참새 빛깔이며 무늬도 참새 털과 비슷해 참새가 변한 것이 아닌가 의심스럽다."고 했다. 조가비를 열고 이동하기 위해 내놓은 발이 꼭 새의 부리를 닮아 '갈매기조개'나 '오리조개'라고도 했다.

어민들은 3년에 한 번만 제대로 새조개가 어장에 와도 그간에 진 빚을 모두 갚는다고 해서 '로또조개'라고도 부른다. 비쌀 때는 조개 하나가 7,000~8,000원에 달하기도 한다. 바다에서 새조개를 긁어 올리면 바지선에서 온전한 것, 조가비가 깨진 것, 크고 작은 것 등으로 나눈다. 각각 가격이 달라, 하루 종일 흔들리는 바지선에 쪼그리고 앉아서 선별한다.

새조개는 꼬막과 달리 껍데기도 얇고 오래 보관하기도 힘들다. 싱싱할 때는 회로 먹을 수 있지만, 주로 데침과 무침, 구이로 많이 먹는다. 특히 여수에서는 삼합구이가 유명하다. 새조개삼합은 키조개 관자와 돼지고기 혹은 쇠고기를 더한다. 몸값이 비싸니 새조개만으로 배를 채우려면 호주머니가 금세 가벼워진다. 그래서 선택한 것이 새조개가 나오는 철에 맛이 좋은 키조개와 육고기다. 여기에 겨울철 대표 채소 시금치를 올린다. 주인을 잘 만나면 굴이나 낙지 등을 얻을 수 있다. 주인공이 다 그럴 듯이 새조개는 가장 늦게 올려서 구워야 한다.

새조개삼합

여자만 새조개 샤부샤부

살짝 데친 시금치와 새조개의 달콤함,
봄을 알리는 맛

南海

+
전라남도 여수시 여자만 일대 | 겨울부터 봄까지 제철 | 새조개*, 갈매기조개, 오리조개

조개의 계절이 시작되었다. 그 출발은 새조개다. 이어 개조개, 바지락, 동죽, 백합 등 줄지어 봄부터 여름까지 맛 자랑이 펼쳐질 터다. 새조개는 찬 바람이 부는 겨울부터 그 존재를 알리기 시작해 봄까지 이어진다. 그러니까 매화꽃이 피고 벚꽃이 이어지면 새조개도 절정에 이르고, 그 자리를 개조개에게나 바지락에게 물려줘야 한다.

남해안에서는 광양만, 여자만, 가막만, 득량만 등이 새조개로 유명하다. 여수를 둘러싼 만이라서 새조개 하면 여수를 꼽는다. 하지만 인근 고흥이나 장흥에서 들으면 서운할 판이다. 그래서 '여자만 새조개'라 불러본다. 서해안은 천수만에서 1980년대 말부터 새조개가 서식하기 시작했다. 서산지구 간척사업으로 해양지질이 바뀌면서 새조개가 서식하기 시작했다고 알려져 있다.

일제강점기에는 남해안에서 잡은 갯장어와 함께 새조개가 '수산통제어종'으로 지정되어 순사와 검사관이 채취선 밑바닥까지 조사해 일본으로 가져갔다. 또한, 1980년대에는 잠수부를 고용해 불법으로 새조개 어장을 약탈하는 해적선이 등장하기도 했다. 당시 여수의 한 마을에서는 마을 새조개 어장을 지키기 위해 밤새 불침번을 서기도 했다. 가짜 거북선 총통을 남해 해역에 빠뜨리고 해저 작업권을 따내 새조개 수확을 독식하는 이들도 있었다.

새조개는 발이 새의 부리처럼 생겨 붙여진 이름이지만, 어부들은 밤이면 새조개가 새처럼 날아 다니며 멀리 이동한다고 했다. 새조개가 많다고 해서 어장을 샀는데, 실제 채취 시기에 바다에 들어가 텅빈 바다를 보고 아연실색하는 일도 발생했다고 한다.

일본과 달리 우리나라는 새조개를 샤부샤부로도 즐긴다. 멸치, 버섯, 황태, 새우, 다시마 등으로 육수를 내고 배추, 버섯, 시금치, 부추 등을 새조개와 함께 데쳐 먹는다. 특히 겨울바람을 견디며 자란 시금치와 새조개를 살짝 데쳤을 때 달콤함은 봄을 알리는 바로 그 맛이다.

서대회무침과 서대탕

일 년 열두 달 먹어도
질리지 않는 힐링푸드

南海
〜〜〜〜

+
전라남도 여수시 ㅣ 초가을 제철 ㅣ 참서대*, 붉은서대, 설어 한때 동해를 대표하는 어류로 명태를, 서해는 조기를 꼽았다. 이제는 옛날처럼 해역을 대표하는 어류를 꼽기 어렵다. 잡히는 양도 많지 않고, 기후변화로 서식지도 북쪽으로 옮겨간 탓이다. 이렇게 서식지의 지역성은 약해지고 있지만, 음식의 지역성은 여전히 유효하다. 여수 서대회무침처럼 말이다.

서대는 모래가 많은 갯벌에서 갯지렁이나 작은 게를 먹고 사는 가자미목에 속하는 바닷물고기다. 그 맛이 진하고 고소해 "서대 엎드린 갯벌도 달다."는 말이 있다. 맛있다는 표현이다. 그 모양이 혀를 닮아 '설어舌魚'라고도 한다. 서대류로는 서대회무침에 많이 이용하는 참서대를 비롯해 개서대, 용서대, 각시서대, 흑대기, 박대 등이 있다. 여수에서는 '붉은서대'라 부르는 참서대가 많이 잡힌다. 여수 사람들은 서대가 "일 년 열두 달 먹어도 질리지 않는 생선"이라고 극찬한다. 비린내가 나지 않고 간이 알맞게 배어 조리하기 딱 좋은 생선이란다. 다른 지역에서는 오뉴월이 철이라고 하지만 여수에서는 감칠맛이 최고조에 이르는 초가을을 더 적기로 꼽는다. 큰 서대보다 중간 크기가 좋다.

서대로 만든 음식을 내놓는 식당에는 어김없이 막걸리식초가 있다. 같은 서대로 집집마다 다른 손맛이 나는 이유다. 미나리, 양파, 오이, 당근, 마늘, 무까지 다양한 채소에 고추, 고춧가루, 막걸리식초 등을 준비한다. 회무침뿐만 아니라 찜, 조림, 구이, 탕까지 생선으로 만들 수 있는 요리는 모두 할 수 있다. 서대는 여수 사람들의 힐링 푸드라고 할 만하다. 서대회무침을 다 먹으면 남은 양념에 밥을 비벼 먹는다. 요즘에는 국수를 말기도 한다. 새콤달콤한 무침과 비빔밥에는 된장국이 찰떡궁합이다. 식당뿐만 아니라 수산시장에서도 서대가 주인공이다. 선어는 중앙선어시장이, 말린 서대는 여객선터미널 근처의 여수수산시장이 좋다.

서대회무침도 좋지만 진짜 맛은 탕에서 결정된다. 서대탕을 먹어보면 왜 정약전이 《자산어보》에서 그 맛을 "농후하다."고 표현했는지 알 수 있다. 해가 있고 바람이 부는 날이면 여수 바닷마을은 서대 말리기로 바쁘다. 명절과 제사에 서대를 올리기 때문이다. "여수 가서 서대회무침 먹지 않으면 무효다."라는 말이 허투루 하는 소리가 아니다.

서대찜

얼리고 말리고 해서
일 년 내내 먹을란다

        맛있는 것은 그냥 두지 않는다. 제철을 연장하거나 무시하는 기술을 개발한다. 그것도 안 되면 철을 넘나드는 조리법을 만들어낸다. 특정 계절에 많이 생산되는 식재료도 마찬가지다. 그렇다면 여수 서대찜은 어디에 속할까? 제철에 잡아 급속냉동을 해놨다가 해동해서 회무침을 하거나, 말려놨다가 찜을 한다. 생물로 탕을 하는 것도 좋지만, 꾸덕꾸덕 말려서 쪄내면 딱딱하지 않고 푸석푸석함도 없다. 반찬으로도 안주로도 손색이 없다.

    일부러 점심시간이 지난 시각에 가게를 들렀다. 바

+
전라남도 여수시 | 말린 서대는 사시사철 | 참서대*, 붉은서대, 설어

쁠 때 혼자 가면 미안해서 편하게 밥을 먹을 수 없다. 칠순의 안주인은 조금만 일찍 왔다면 자리가 없었을 거란다. 섬마을이 고향인 안주인은 친정어머니에 이어 2대에 걸쳐 서대만 만지고 있다. 여수에서 가장 흔한 서대만으로 승부를 걸었다. 지금도 서대회와 찜뿐이다.

"서울 년들이 찜도 잘 먹고 회도 잘 먹네."라며 마실 나온 이웃 할머니가 그릇을 싹 비우고 나간 서울 손님들을 보고 한마디 했다. 전주에서 왔다는 열댓 명도 서대찜과 서대회를 맛있게 먹고 나갔다. 나도 2인분을 주문하고, 조리하는 동안 비법을 물으니 특별한 것이 없고 "그냥 한다."고 답한다. 식초는 직접 막걸리식초를 만들어 쓰고, 액젓은 금오도, 안도 등 섬으로 이루어진 여수 남면에서 어장을 하는 분에게 부탁해 가져온단다. 식초와 액젓이면 음식은 끝 아닌가. 손맛이야 어머니 때부터 했으니 물어볼 필요도 없다. 반찬은 돌산갓으로 만든 물김치와 양념김치 두 종류에 콩나물무침과 멸치볶음 그리고 홍합을 넣은 미역국이다. 늘 같은 반찬이다.

음식이 나올 즈음에는 나이 많은 부부가 아들과 함께 들어왔다. 주인과 잘 아는 사이인지 서로 안부를 묻는다. 손님은 이곳에서 서대회무침을 먹고나서 다른 곳에서는 먹을 수 없어 찾는다고 알려준다. 내가 찜을 먹는 것을 보고, 회도 맛있다며 먹어보라고 그릇에 덜어주었다. 단골집에 가면 나눌 수 있는 이야기와 정이 있어 좋다. 너무 맛있다는 말에 안주인이 문을 열고 "먹고 싶으면 자주 와. 나 죽고 없으면 후회하지 말고."라며 웃는다.

서대찜

南海

붕장어탕과 구이

비싼 갯장어 아니어도
여름 보양식으로 손색이 없다

南海
~~~

+
전라남도 여수 및 고흥, 통영 일대 | 사시사철 보양식 | 붕장어*, 해대려

여름철이면 갯장어나 민물장어가 대세지만, 붕장어도 보양식으로 손색이 없다. 사철 잡히다보니 귀한 줄 모르고, 늘 먹을 수 있으니 뒤로 밀린다. 허나 여름철이 지나고 찬바람이 맛이 떨어지고 잡히지도 않는 갯장어와 달리 붕장어는 사철 큰 변화가 없다. 어민들의 호주머니를 꾸준하게 지켜주고, 서민들의 건강도 계절과 상관없이 챙기는 고마운 바닷물고기다.

또한, 붕장어는 뱀장어처럼 회귀성 어류가 아니다. 섬 주변 연안에서 어민들과 함께하는 '바닷장어'다. 붕장어를 '해대려'라 소개한 《자산어보》에서는 "맛이 해만려보다 좋다."고 했다. '해만려'는 뱀장어를 가리킨다. 뱀장어와 달리 몸 옆줄을 따라 흰 점이 있고, 주둥이가 뾰족하며 날카로운 이빨을 가진 갯장어와 달리 뭉뚝한 주둥이를 가지고 있다. 이 장어 삼총사가 널리 알려진 것은 일제강점기 이후다. 《조선수산개발사》를 보면, 뱀장어 어업은 청일전쟁 전후, 갯장어 어업은 1900년 이후, 그리고 붕장어 어업은 더 늦게 이루어졌다.

붕장어는 멸치나 오징어를 넣은 통발을 줄에 엮어

잡는다. 이 몸줄 길이는 100킬로미터에 이르며 통발도 1만여 개가 달린다. 통발을 바다에 넣고 올리는 시간만 해도 각각 7~8시간이 걸린다. 선원도 대여섯 명이 필요하다. 이런 전문 장어잡이 배뿐만 아니라, 부부가 소박하게 수백 개 통발로 조업을 하기도 한다.

붕장어는 여수뿐만 아니라 통영, 고흥 일대에서 많이 잡히고 있다. 여수에서는 통장어탕 말고 장어탕, 양념구이, 소금구이 등으로도 먹는다. 통장어탕은 손질한 장어를 통째로 토막을 내서 끓이지만, 장어탕은 추어탕처럼 갈아서 조리한다. 구이는 붕장어를 꾸덕꾸덕하게 말려서 사용한다. 여수 국동에는 옛 포구에 장어탕집이 몇 집 모여 있다. 비싼 갯장어도 좋지만 여름 보양식으로 붕장어도 영양이나 맛으로 손색이 없다.

△ 장어소금구이
▽ 통장어탕

+
소경도
영등시

       영등시는 바닷물이 가장 많이 들고 빠지는 때를 가리킨다. 보통 음력으로 보름과 그믐 무렵이 조차가 가장 크고, 어민들은 이때를 '사리'라고 한다. 영등시는 사리 중 으뜸이라 '영등사리'라고도 부른다. 올해에는 3월 10일(음력 2월 15일)과 11일이 영등시였다. 그리고 오는 4월 7일(음력 3월 15일)과 8일이 또 한 차례의 영등시다. 이때 진도 '신비의 바닷길'을 비롯해 서해 여러 곳에서 바닷길이 열린다. 영등시가 되면, 영등할미가 며느리나 딸을 데리고 하늘에서 내려와 바닷가를 돌며 전복씨, 바지락씨, 미역씨를 뿌려준다고 한다. 이때 풍어를 기원하는 영등굿을 하는 곳도 있다.

      영등시에 드러난 갯벌에서 어민들은 바지락, 개조개, 개불, 낙지, 해삼, 미역 등을 채취한다. 하지만 마을 주민이라도 마음대로 갯벌에 들어갈 수 없다. 마을 회의에서 정한 장소와 시간을 지켜야 한다. 이를 여수나 완도 등 서남해 어촌마을에서는 '개를 튼다' 혹은 '영을 튼다'고 한다. 갯벌에서 해산물을 채취하는 것을 통영이나 거제에서는 '개발'이라고 하고, 제주에서는 '바릇'이라 표현한다.

여수 소경도는 지난 3월 10일 영등시 때 마을어장 중 '밀라리'와 '엄낙도'의 영을 텄다. 이렇게 영을 트면, 병원에 입원했거나 가족상인 경우가 아닌 한 반드시 참여했다. 그만큼 엄격했다. 지금도 소경도 주민들은 도시에 나갔다가도 영을 튼다는 소식을 들으면 작업에 참여하려고 잠시 돌아온다. 입원하거나 부고가 없는데도 영을 따르지 않는 것은 큰 '흉'이라 생각한다. 영등시에 채취한 바지락을 팔아 마을 운영기금과 경로잔치와 여행비용 등을 마련하니 참석하지 않으면 일 년 내내 마을생활이 불편하다. 개인의 권리보다 공동체의 규칙이 우선이다. 마을어장이라는 어촌의 독특한 공유자원이 지속될 수 있었던 것은 '영을 트고 막는' 마을 규칙이 있고, 이를 지켜야 하는 어촌 문화가 있기 때문이다. 귀어 귀촌한 도시민들이 그 '흉'의 의미를 이해한다면 진짜 어민이 되는 것이다.

소경도 영등시

+

손죽도
화전놀이

화전놀이는 삼월삼짇날 여성들이 산이나 들의 경치 좋은 곳에서 화전花煎(꽃을 놓은 찹쌀 부침개)을 부쳐 먹고 여러 음식을 나눠 먹으며 노는 민속놀이다. 화전놀이가 성했던 섬이 전남 여수시 삼산면 손죽도다. 몇 달 전부터 여성들이 중심이 되어 곡식을 거두고 술을 담그며 화전놀이를 준비했다. 화전놀이 날이 되면 함지박에 음식을 담아 마을에서 떨어진 언덕 '지지미재'로 올라갔다. 거기서 돌을 놓아 만든 화덕 위에 솥뚜껑을 걸고, 기름을 두르고 쌀가루 반죽 위에 흐드러지게 핀 진달래를 따다 얹어 지져 먹었다. 이 화전을 손죽도에서는 '지지미'라고 한다. 화전놀이 터가 지지미 고개가 된 이유다. 고기잡이배가 많던 시절에는 고흥, 나로도 등에서 장수들이 때에 맞춰 섬으로 들어와 장사를 했다. 1960년대까지 손죽도는 여수에서 고기잡이배가 가장 많은 섬으로 부자섬이었다.

지역에 따라 시어머니와 며느리의 화전놀이 장소가 다른 곳도 있었다. 고부간에 함께 술을 먹는 것도 불편하고, 시댁 흉이며 며느리 흉도 맘껏 볼 수 없기 때문이었다. 맘껏 놀 수 있는 단 하루의 시간을 눈치 보며 보낼 수는 없었다. 심지어 시어머니 화전놀이와 며느리 화전놀이 날짜를 따로 잡는 곳도 있었다. 화전놀이에 음주가무가 빠질 수 없었다. 막걸리 도가가 없었던 손죽도는 집집마다 술을 담갔다. 당시 함께 불렀던 민요는 〈산아지타령〉〈청춘가〉〈강강술래〉 등이다. 특히 〈산아지타령〉은 '에이야 듸야 에헤에 에야 에야라 듸여라 산아지로구'라고 반복되는 뒷소리와 즉흥성과 풍자성이 뛰어난 앞소리가 독특하다. 앞소리 한 대목을 살펴보자. '일기가 좋아서 산 구경 갔더니, 무지한 놈 만나서 돌베개 비었네 / 신작로 복판에 솥 때운 사람아, 정 떨어진 것은 때울 수가 없나 / 삼각산 몰랑에 비 오나 마나, 어린 낭군 품 안에 잠자나 마나' 등 여성의 한과 욕망을 해학과 풍자로 풀어냈다. 손죽도 화전놀이는 한동안 중단되었다가 몇 년 전 출향出鄕 인사들까지 참석해 재현 행사를 가졌다. 남쪽 섬에는 봄꽃이 한창이다. 지지미재에도 진달래가 활짝 피었을 것이다. 손죽도 화전놀이가 그리워지는 봄날이다.

화전놀이

멸치쌈밥

봄날 선물처럼 찾아와
허기진 이들을 달래주었던 음식

南海

+
경상남도 남해군 미조면 미조리 | 봄 제철 | 멸치*, 대멸

'어야라 차이야, 어야라 차이야' 소리에 맞춰 멸치가 하늘로 날았다가 내려온다. 남해 미조리 미조항 방파제 근처에 10여 척의 배들이 선상에서 멸치털이를 하는 중이다. 유자망에 꽂힌 멸치들을 터는 것이다. 봄이면 벌어지는 풍경이다. 이렇게 하늘을 날았다 내려온 멸치들은 소금을 만나 젓갈이 된다. 이와 달리 정치망 그물에 갇혀 잡힌 멸치는 쌈밥으로 좋다. 무슨 말인지 어리둥절할 수 있겠다. 유자망에 꽂힌 멸치는 터는 과정에서 멸치머리나 내장이 빠져나가기도 해서 젓갈로 담그기 좋고, 정치망에 갇혀 잡힌 멸치는 머리는 물론 은빛 비늘마저 오롯이 남아 있어 쌈밥이나 구이로 좋다는 것이다. 봄철 잡힌 대멸은 이렇게 잡히는 방법에 따라 운명이 달라진다.

남해의 멸치쌈밥은 정치망이나 죽방렴(좁은 바다 물목에 세운 대나무발 그물)으로 잡은 멸치로 조리한다. 성질 급한 멸치지만 이들 어구에 갇히면 스트레스와 상처를 받지 않고 뭍으로 올라온다. 게다가 뭍에서 빤히 보이는 곳에 어장이 설치되어 운반하는 거리도 짧다. 그만큼 싱싱하다. 《구운몽》을 쓴 서포 김만중이 유배생활을 한 앵강만이나 물미해안도로 연안에 큰 정치망이 많다. 그리고 남해도와 창선도 사이에는 국가중요어업유산으로 지정된 죽방렴이 있다. 이곳에서 잡은 멸치가 멸치조림에 제격이다. 인근에 멸치쌈밥집도 많다. 주민들의 주린 배를 채워주었던 쌈밥이다. 멸치쌈밥이 남해를 대표하는 향토음식이 된 것도 이런 어법과 관련이 깊다.

봄철에 잡은 싱싱한 멸치를 냉동보관했다가 제철이 지난 뒤에 멸치쌈밥을 내놓는 식당도 많다. 그만큼 남해를 찾는 사람과 멸치쌈밥을 찾는 사람이 많아졌다. 멸치가 잡힐 무렵 산에서 올라오는 고사리, 밭에서 나는 풋마늘과 햇양파를 넣고 조리면 좋다. 가을에 준비해둔 시래기를 넣고 조리하는 맛집도 있다. 집집마다 대멸을 사용하는 것은 같지만 함께 넣는 재료와 양념의 비법, 손맛이 다르다. 배고픈 봄날 선물처럼 바닷마을 어귀로 찾아와 허기진 사람들을 달랬고, 겨울에는 김장용 젓갈로 일 년 내내 밥상을 채웠다. 헛헛한 섬살이에 국물과 찬으로 섬살이를 응원했다.

견내량 돌미역

돌미역밭, 트릿대 채취어업과
미역국에 담긴 공동체의 마음

통영에 가면 고향처럼 편하게 찾는 마을이
있다. 볼거리가 있는 유명한 관광지도 아니고 멋진 카페
나 맛집이 있는 것도 아니다. 비릿한 갯내음이 가득한 통
영시 용남면 연기마을이다. 이곳 돌미역은《난중일기》에
기록되어 있으며, 임금님 수라상에도 올랐다고 한다. 이
돌미역을 채취하는 '돌미역 트릿대 채취어업'은 최근 국
가중요어업유산으로 지정되었다.

'트릿대 채취어업'은 7미터에 이르는 장대 윗부분에
손잡이를 붙이고, 반대쪽 끝부분에 미역을 감는 두 개의
살을 엇갈리게 꽂아 미역을 감아서 채취하는 전통어업이

+

경상남도 통영시 용남면 연기마을 | 돌미역*

다. 다른 많은 지역에서는 일반적으로 물이 빠진 갯바위나 물속에 있는 미역을 긴 장대에 낫을 매달아 베거나 해녀가 물속에서 채취한다. 제주에서는 해녀가 미역을 벨 때 사용하는 자루가 짧은 낫을 '종개호미'라 하고, 동해나 남해에서 긴 장대에 낫을 매달아 베는 어구는 '낫대'라 한다. 이와 달리 견내량의 미역 채취는 베지 않고 트릿대로 감아 뜬다. 이 방법은 조류가 빠르고 탁도가 좋지 않으며 갯바위가 드러나지 않는 곳에서 채취할 때 적합하다. 이렇게 감아서 미역을 뜨기 때문에 미역귀가 갯바위에 남아 포자를 배출해 다음 해에도 미역이 잘 자라게 하는 지속가능한 어업방식이다. 또한, 돌미역 판매로 얻은 소득은 가계 경영은 물론 마을공동체 운영에도 중요한 역할을 하고 있다. 더 나아가, 미역을 비롯한 해조류는 진해만과 한산바다를 잇는 바다숲을 이루어 오가는 해양생물의 서식처 역할도 하고 있다.

견내량 돌미역은 연기마을과 맞은편 거제 광리마을 주민들이 함께 채취한다. 5월 날씨가 좋은 날이면 50여 척의 배에서 트릿대를 바닷속에 집어넣고 미역을 감는 모습이 장관이다. 뜯어 온 미역을 건조대에 걸어 말리는 모습도 아름답다. 두 마을은 행정구역은 다르지만 미역밭을 공동으로 이용하고 관리하는 미역밭 공동체를 이루

南海

고 있다. 견내량 돌미역은 거센 물살을 견디며 천연 암반에서 자라기 때문에 식감이 좋고 맛이 깊다. 돌미역밭과 전통어법은 물론 미역국까지, 미래세대에게 오롯이 물려주어야 할 해양문화유산이다.

돌미역 트릿대 채취어업

멍게비빔밥

봄을 듬뿍 머금은 바다의 붉은 꽃,
맛과 향을 살린 음식

南海
〰〰〰

+
경상남도 통영시 산양읍 │ 봄 제철 │ 멍게*, 우렁쉥이*

통영운하가 지나는 판데목을 건너 미륵도로 들어서니 동백꽃이 마중을 나온다. 산양일주도로 가로수는 온통 동백이다. 겨우내 붉게 꽃을 피웠다가 봄이 오는 길목에 내려앉았다. 이 무렵 통영바다에는 멍게가 붉게 꽃을 피운다. 맛이 제대로 올랐다. 봄을 듬뿍 품은 멍게를 고물에 엮어 마을포구로 옮기는 배를 운 좋게 만났다. 붉은 꽃을 가득 싣고 영운리로 가는 걸까, 신봉리로 가는 걸까. 처음 멍게 양식을 했다는 미남리로 가는 것일까. 이들 마을은 멍게 양식을 많이 하는 곳이다. 통영은 대한민국 멍게 공급량의 70퍼센트 이상을 생산한다.

멍게류로는 통영에서 양식하는 붉은멍게 외에 제주도의 돌멍게, 동해의 비단멍게 등이 있다. 멍게는 암수 한 몸으로, 수정 후 올챙이처럼 헤엄치며 어린 시절을 보내다 양식이나 다른 목적으로 바다에 드리운 줄이나 갯바위에 붙어 생활한다. 이 과정에서 고착생활에 불필요한 꼬리와 지느러미 기능은 퇴화하고 고착생활에 적합한 형태로 진화한다. 그렇게 3년을 자라야 밥상에 오를 수 있다.

대한민국의 멍게 양식은 1970년대 산양읍 미남리

답하마을에서 시작되었다. 《우리나라 수산양식의 발자취》(국립수산과학원, 2016)에 따르면, 어선 닻줄에 빼곡하게 달려 있는 우렁쉥이를 모체로 산란 및 채묘를 시도해, 1975년 첫 우렁쉥이를 생산했다. '우렁쉥이'가 표준말이지만 통영말 '멍게'가 널리 사용되면서 표준말로 추가되었다.

　이제 멍게에게 통영은 좁다. 전국을 누비는 주연으로 자리를 잡았다. 이렇게 알려진 데에는 멍게비빔밥이 한몫했다. 그리고 오랜 세월 통영 음식을 연구해온 이상희 요리사의 역할이 크다. 통영에서 멍게 전문점 '멍게가'를 운영하는 그는 멍게비빔밥뿐만 아니라 해초비빔밥, 멍게된장국, 멍게전, 멍게샐러드, 멍게무침, 멍게회 등 통영바다에서 건져 올린 멍게를 주연으로 내세웠다. 특히 멍게비빔밥에는 세모가사리, 톳, 미역, 김 등 해조류와 새싹을 넣고 가운데 노란 멍게를 올려 맛과 멋을 냈다. 마무리로는 통영 사람들이 즐겨 먹었던 합자장을 더했다. 합자장은 자연산 홍합 삶은 물을 달여서 만든 젓갈이다. 이렇게 재탄생한 멍게비빔밥은 여행객의 마음을 사로잡았다.

南海

오비도
조개농사

　　뭍에서 짓는 농사는 1년 농사가 대부분이지만, 바다농사는 3년 혹은 더 많은 시간을 기다려야 한다. 4월 초 오비도 주민들은 마을 앞 갯밭에 어린 조개를 뿌렸다. 갯밭은 바지락, 살조개, 개조개 등 조개류나 미역, 톳, 우뭇가사리 등 해조류가 서식하는 조간대다. 오비도는 경남 통영시 산양읍 풍화리에 속하는 섬이다. 풍화리는 통영에서 드물게 갯벌이 발달했다. 통영 서호시장과 중앙시장에 나오는 바지락, 살조개 등 조개류는 십중팔구 풍화리산이다. 오비도는 뭍에서 300여 미터 떨어져 있어 통영에서 육지와 가장 가까운 곳에 있는 섬이다. 목바지, 외박골, 사당개, 웅포, 소웅포 등 5개의 자연마을로 이루어져 있으며, 30여 가구 60여 명이 거주하고 있다. 한때 80여 가구가 살았으며 학교도 있었다.

　　오비도에서 가장 좋은 갯밭은 큰웅포와 월명도 사이 갯벌이다. 이곳은 모래갯벌이 발달해 살조개와 개조개가 서식하기 좋다. 이곳뿐만 아니라 섬 안쪽에는 펄과 모래와 작은 돌이 섞인 혼성갯벌이 발달해 바지락이 잘 자란다. 굴이나 멍게 등 이렇다 할 양식을 하지 않는데도 주민들이 생활할 수 있는 것은 모두 갯밭 덕분이다.

월명도 앞까지 물이 빠져 바닷길이 열리자 30여 명의 주민들이 호미와 괭이로 갯밭을 긁고 어린 조개 씨를 뿌렸다. 마을 이장은 이렇게 다섯 마을 사람들이 함께 모여 일을 한 것은 무척 오랜만이라고 했다. "요리 좀 히비주이소. 물 들어옵니다." 시간이 지나면서 이장의 목소리가 높아졌다. 잠깐 길이 열렸다가 잠기니, 그사이에 갯밭을 긁고 조개 씨를 뿌리고 다시 묻어줘야 한다.

봄에 맛이 좋은 바지락이나 살조개는 3년 정도 자라야 하며, 개조개는 5년 정도 기다려야 한다. 그사이 큰 태풍이나 파도라도 오면 조개들이 다른 곳으로 밀려가기도 한다. 이름표가 달려 있지 않으니 찾을 수도 없다. 또한, 해수 온도의 변화나 뜻하지 않는 오염원으로 한순간에 조개들이 입을 벌리고 몰살되기도 한다. 몇 년을 기다리며 갯밭을 일구는 어민들의 심정은 오죽할까. 우리 밥상에 오른 조개들은 그냥 쉽게 바다에서 건져 온 것이 아니다.

물굴젓

바로 먹으면 시원한 맛,
익으면 삭힌 맛, 그 뒤로는 새콤한 맛

어리굴젓과 진석화젓 같은 굴젓은 널리 알려져 있지만 '물굴젓'을 아는 이는 드물다. 통영 토박이 '멍게가' 안주인이 만들어서 내준 겨울 음식이다. 사전에는 "매우 묽게 담가 국물이 많은 굴젓"이라고 정의돼 있다. 일제강점기에 출간된 요리책 《조선무쌍신식요리제법》에서는 물굴젓을 "간을 조금해서 익혀 올라오는 것으로 한때 먹기는 입에 신선하니라."라고 했다. 이 물굴젓이 통영 물굴젓을 말하는 것인지는 알 수 없지만, 이름은 같고 조리법도 비슷하다. 물굴젓은 통영과 거제에서 즐겨 먹는다. 통영 물굴젓은 굴과 소금을 버무려 약간 삭힌 후 무를 수저로 긁어 만든 즙을 넣는다. 거제 물굴젓은 무를 채 썰어 넣는다. 삭히고 발효되는 시간의 차이는 있지만, 둘 다 소금을 많이 넣지 않고 국물을 자작하게 해서 먹는다.

통영은 대한민국 굴 생산량의 70퍼센트를 차지한다. 특히 용남면, 도산면, 산양면 일대에서 굴 양식이 이루어지고 있다. 거제에도 거제면, 둔덕면, 사등면 일대에 굴 양식장이 많다. 굴은 조류가 거친 곳에서는 잘 자라지 않는다. 서해안에서 일찍부터 굴이 유명했던 것도 이런 이유 때문이다. 대규모 굴 양식은 조류가 거칠지 않은 내만에서 이루어진다. 통영과 거제, 여수에 굴 양식이 발달한 이유다.

굴은 자체로 짭짤하다. 그렇다고 소금을 넣지 않으면 오래 두고 먹을 수 없다. 대신 물굴젓에 무를 넣어 염도를 낮추고 시원함을 배가했다. 여기에 쌀이나 쌀보리를 씻은 물을 자작하게 더해 삭히는 데 도움을 주었다. 삭히는 과정도 먹는 방식도 식혜와 같다. 이렇게 사나흘 정도 지나면 먹을 수 있다. 바로 먹으면 시원한 맛, 익으면서 삭힌 맛, 시간이 많이 지나면 새콤한 맛으로 바뀐다. 굴젓이 반찬용이라면 물굴젓은 그냥 시원하게 먹을 수 있다. 통영에는 전통을 잇고 변용해 재창조한 음식이 많다. 여행자들이 통영을 좋아하는 이유다.

南海

물굴젓

뽈래기무김치

김장김치가 떨어질 무렵,
밥상을 되살려주는 그 맛

南海
〰〰〰

+
경상남도 통영시 | 겨울에 담가 봄과 여름에 제철 | 볼락*, 뽈래기, 보라어

김장철이다. 이 무렵 통영 조모님들은 물 좋고 적당한 크기의 뽈래기를 사다가 통째로 소금을 뿌려 보관해둔다. 그리고 통통한 무를 큼직큼직하게 썰어 깍두기용으로 준비한다. 뽈래기무김치를 담그려는 것이다. 김장하고 남은 양념을 쓰기도 하지만 오롯이 뽈래기무김치를 위해 채비하기도 한다. 배추김치에 뽈래기를 넣기도 한다. 그래서 이 무렵이면 뽈래기는 큰 우럭보다 더 귀하고 비싼 생선이다.

뽈래기는 통영 사람들이 가장 사랑하는 생선으로, 정식 명칭은 볼락이다. 쏨뱅이목 양볼락과에 속하는 어류로 널리 알려진 조피볼락, 불볼락과 같은 부류다.《우해이어보》에서는 '보라어'라 했다. '보라'는 '아름다운 비단'이라는 의미다. 바위나 모래, 해조류 등 서식환경에 따라 몸 색깔이 다양하다. 큰 놈은 어른 손바닥보다 크지만, 뽈래기무김치로는 아이 손만 한 것이 좋다. 큰 뽈래기는 미리 사서 말려놨다가 쪄서 제사상에 올리기도 했다. 뽈래기는 낚시나 통발로 잡는다. 김장용 뽈래기는 12월부터 1월까지가 좋고, 회나 구이는 살이 오른 봄철이 더 좋다.

소금을 뿌려 준비해둔 뽈래기에 간이 들고 물이 빠져 살이 단단해지면 파, 마늘, 고춧가루, 찹쌀풀로 갖은양념을 만들어 깍두기와 함께 버무린다. 이때 뽈래기는 내장도 제거하지 않고 통째로 넣는다. 10여 일이면 먹을 수 있고, 더 두고 삭혀 먹어도 좋다. 김장김치가 떨어질 무렵에 먹는 사람들도 있다. 단단하고 거친 뽈래기 뼈는 얌전하게 삭혀지고 살은 오롯이 남아 씹는 맛도 좋다. 그 향과 맛에 취하면 통영 사람이 되는 것이다.

찬바람이 나면 통영바다에서 건져 온 뽈래기가 새터시장에 모였다. 뽈래기무김치 담그기에 적당한 뽈래기가 보이기 시작하면, 김장을 준비할 시기가 된 것이다. 설 명절에 가족들이 모이면 뽈래기를 굽고, 탕을 끓이고, 마지막으로 밥상에 뽈래기무김치를 올렸다. 뽈래기무김치를 보면 어머니가 떠오른다. 뽈래기무김치가 고향맛이고 어머니의 맛이기 때문이다. 추도(통영 산양읍) 허름한 포구 식당에서 먹었던 뽈래기무김치 맛이 생각난다.

우도 해초비빔밥

섬과 바다가 내준 제철 재료들의 향연,
맛도 값도 착하다

붉은 동백꽃이 뚝뚝 떨어질 때면 생각나는 섬밥상이 있다. 통영에서 배를 타고 한 시간을 가야 하는 작은 섬 우도의 해초비빔밥이다. 우리나라에는 비빔밥이 많다. 전주비빔밥, 진주비빔밥, 안동비빔밥, 통영비빔밥처럼 지역 이름을 붙인 비빔밥이 있고, 멍게비빔밥이나 낙지비빔밥처럼 주재료를 앞에 세우기도 한다. 물론 주재료를 내세운 경우에도 멍게비빔밥은 통영, 낙지비빔밥은 목포와 무안 등 특별히 유명한 지역이 따로 있기도 하다.

　우도는 통영시 욕지면에 속하면서 큰 마을과 작은

+
경상남도 통영시 욕지면 연화리 | 배편 운항
미역, 톳, 우뭇가사리, 파래, 서실, 세모가사리, 모자반

마을 합쳐 20여 가구가 있는 작은 섬이다. 우도와 출렁다리로 연결된 연화도나 이웃한 욕지도는 섬이 무너질 정도로 많은 사람이 오가지만 우도는 낚시인 정도만이 관심을 갖는 섬이었다. 2002년, 몸이 불편한 부모님을 모시려고 30대의 김강춘·강남연 부부가 우도로 들어왔다. 모두 칠순에 이른 노인들만 사는 섬이었다. 물속에서 해산물을 채취하는 것은 고사하고 수영도 못하는 강 씨는 마을 할머니들에게서 물때를 익히고 갯바위 해초를 뜯었다. 남편은 우도의 아들이 되어 마을 주민들의 발이 되어야 했다. 강 씨는 뜯어 온 해초(해조류)로 밥상을 차려 마을 어르신들과 나누어 먹고 어쩌다 찾은 여행객에게도 내놓았다. 이게 입소문이 나면서 전국에 우도 해초비빔밥으로 알려졌다.

우선 해초는 미역, 톳, 우뭇가사리, 파래, 서실, 세모가사리, 모자반 등 갯바위에 자라는 것을 그때그때 뜯어 준비한다. 해초뿐만 아니라 군소, 거북손, 샷갓조개 등도 올라온다. 제철에 갯바위에 자라는 것을 밥상에 올려놓은 것이다. 이번 주말에 받은 밥상을 보자. 우선 밥은 톳과 따개비를 넣어 지었다. 비빔용 해초는 세모가사리, 모자반, 미역, 톳 무침이 준비되었다. 국은 굴을 넣은 미역국이다. 여기서 끝이 아니다. 반찬으로 파래무침, 거북손

무침, 해초전, 생선전, 파김치, 배추나물, 갓김치, 멸치볶음, 고들빼기김치, 배추김치, 그리고 양념장을 끼얹은 청어구이가 가운데 자리를 잡았다. 막걸리를 먹고 싶은 걸 꾹 참았다. 강 씨가 차려준 해초밥상을 남길 것 같아서다. 잠시 후 깜박 잊었다며 아침 일찍 산에 들어가 뜯어온 머위를 살짝 데쳐 내왔다. 모두 섬과 바다에서 나는 것으로 차린 까닭에 밥상도 착하고 값도 착하다. 부부를 꼭 닮았다. 우도로 들어오는 길에서 만나는 동백꽃 터널은 덤이다.

해초비빔밥 밥상

+
사량면 별신굿과
허리 펴주는 떡

세상에 이런 떡이 있으면 얼마나 좋을까. 앞치마를 두른 한 여성분이 굿청 사다리 위에 올려놓은 시루떡을 내려 마을 노인들에게 나누어주었다. 제상에 음식을 차리는 내내 옆에서 간섭을 하던, 팔순이 넘었을 노인에게 "어머니, 이것은 허리가 쭉 펴지는 떡이에요."라며 건넸다. 옆에 있던 다른 노인에게는 "건강하게 해주는 떡이래요."라며 내밀었다. 그리고 구경을 하던 내 앞으로 오기에 "저는 허리도 굽지 않고 몸도 건강해요."라며 웃자, "앞으로 허리 굽지 않게 해주는 떡이에요."라며 빙그레 웃었다. 굿도 보고 떡도 얻어먹는 마을 굿, 경남 통영시 사량면 양지리 능량마을에서 10년 만에 별신굿이 열렸다. 별신굿은 몇 년에 한 번 크게 열리는 마을굿이다.

능량마을 별신굿은 크게 산제와 당산굿, 선창에서 하는 큰굿으로 나뉜다. 전날 한밤중에 모시는 산제는 숲이 우거져 생각도 할 수 없었다. 다음 날 마을 입구 큰 나무 앞에서 지내는 당산굿을 마치고 마을과 우물을 돌며 하는 '골메기굿'

南海

을 구경하던 노인이 "저게 굿이가. 옛날에는 저렇게 안했다. 즈그덜 촬영하러 왔구만."이라며 불편해했다. 오랜만에 하는 굿이니 외지에서 관심 있는 연구자나 구경꾼이 제법 들어왔다. 용왕굿을 보던 다른 주민은 "예전에는 매년 굿을 했지만, 전쟁 이후에 10년에 한 번씩 하는 굿으로 바뀌었다."고 했다. 마을굿이 남아 있는 곳도 많지 않다. 앞으로 얼마나 지속될지도 알 수 없다. 남해안별신굿을 하는 곳도 거제 수산마을, 통영 죽도마을, 그리고 사량도뿐이다. 10년이면 강산도 변하는데 인간사는 오죽할까. 기억하는 사람도 많지 않다.

마을공동체가 해체되는 상황이니 굿은 더 말할 것도 없다. 옛날 기억 한 자락을 붙들고 진행 절차와 상차림에 끼어들던 노인도 끝까지 앉아 굿을 보고 굿을 진행하던 지모(여성 무당)에게 만 원짜리 한 장 내밀며 자식들 건강을 기원했다. 떡을 받아 든 노인들은 올해 별신굿이 마지막일 것 같다며 아쉬워했다. 오랜만에 쇠(꽹과리)를 든 노인의 가락이 아직 죽지 않았다. 이처럼 훌륭한 전통과 역사를 자랑하는 마을축제가 있었던가. 매년은 못하더라도 3년에 한 번씩은 하면 좋겠다. 그래서 별신굿이 아니던가.

남해안별신굿

+
좌도
매화

봄꽃들이 여기저기서 꽃망울을 터뜨리기 시작한다. 하지만 봄이 봄이 아니다. 기후변화로 겨울과 여름이 길다. 그래서 봄을 기다리는 마음도 절실하다. 그렇다 한들 봄이 오는 것을 어찌 막으랴. 봄꽃 중 으뜸은 매화다. 엄동설한을 뚫고 피어나는 꽃이라 많은 사람이 매화를 노래하고 그렸다. 매화가 일찍 피는 곳은 남쪽 바다에 있는 섬이다. 동백이 뚝뚝 땅에 떨어져 바닥을 물들이고 멍게가 바다를 붉게 물들일 때면 욕지도, 노대도, 좌도 등 통영의 섬에서는 어김없이 매실나무가 꽃을 활짝 피운다. 육지보다 보름 정도 이른 시기다.

통영의 매화 여행으로 으뜸은 좌도다. 한산도 통제영에서 볼 때 좌左측에 있다고 해서 좌도佐道라 했다. 한산도를 보좌補佐하는 섬이라는 얘기도 그럴 듯하다. 이 섬에는 동좌리와 서좌리 두 개의 자연마을이 있다. 섬이 매화와 인연을 맺은 때는 일제강점기다. 어족자원이 풍부한 통영의 바다를 탐하던 일제는 작은 섬에도 일본인 이주 어민들을 정착시켜 수산자원을 약탈했다. 이들이 처음 매실나무를 심었다. 지금 좌도를 하얗게 물들인 매화는 새마을운동이 한창이던 시절 주민 한 분이 하동에서 가져와 심은 것이라고 한다. 좌도와 이어진 목섬 근처 대나무 밭에는 일본인들이 심었다고 전하는 매실나무 고목이 몇 그루 남아 있다.

고구마로 끼니를 해결하던 시절 주민들은 텃밭이나 집 안에 매실나무를 몇 그루씩 심었고, 비탈 밭을 개간해서 심기도 했다. 해안으로 밀려온 거머리말이, 모자반 등을 걷어다 넣고, 여름에는 산에서 풀을 베어다가 퇴비를 만들었다. 농약도 치지 않은 매실은 주인의 정성으로 토실토실 주렁주렁 열렸고, 품질이 좋아 인기가 많았다. 지금처럼 대규모로 굴과 멍게 양식을 하기 전이라 매실은 좌도의 큰 수입원이었다. 덕분에 초등학교를 졸업한 아이를 시내로 유학을 보내고 시집 장가도 보냈다. 세월이 흘러 매실나무는 굵어졌지만 어머니는 나이가 들고 허리가 굽어 산비탈을 오르며 돌볼 수가 없다. 대규모 매실농장 같은 화려함은 없지만, 좌도 마을의 매화에서는 부모님을 보는 듯 지긋한 고향 향기가 난다. 거름을 주고 가지도 잘라주며 돌봐주지도 못하는데 올해도 어김없이 매화가 활짝 피었다. 하얀 매화 사이로 울긋불긋 지붕과 바다가 어우러져 한 폭의 그림이다. 매년 잊지 않고 꽃을 피우는 네가 항상 고맙다. 널 보며 또 한 해를 시작한다.

외포 대구탕

적기에 적정한 방법으로 잡은 대구와
손맛으로만 끓여 더 깊고 시원한 맛

南海
~~~~~

+
경상남도 거제시 장목면 | 거제 외포항과 관포항이 유명
겨울 제철, 매년 1월 16일~2월 15일 금어기

1930년대 서울 종로통 골목에서 20원을 내면 대구탕 한 그릇을 먹을 수 있었다. 당시 사랑받았던 설렁탕, 장국밥, 냉면도 비슷한 가격이었다. 1948년 8월, 이승만이 기거하던 이화장 입구에서 조각 발표를 듣기 위해 기다리던 기자들에게 제공된 식사도 대구탕과 냉면이었다. 1950년대 한국전쟁 직전, 대구탕 한 그릇은 250~300원이었다. 1970년대 최고의 대구로 소문난 포항산 대구 상품上品은 1킬로그램당 1,600~2,000원에 거래되었다.

지금은 어디에서 나는 대구를 최고로 칠까? 필자는 진해만 대구를 최고로 꼽는다. 우선, 진해만에서 가장 많은 대구가 겨울을 난다. 좋은 유전자가 유지되려면 이렇게 개체가 많이 모여야 한다. 이를 개체군이라고 한다. 두 번째로는 대구를 잡는 어법이다. 다른 지역에서는 자망 같은 그물의 그물코에 걸리게 해서 잡지만, 거제에서는 그물을 걸어놓고 산 채로 가두어 잡는다. 이때 쓰는 어구가 '호망'(자루그물의 일종)이라 불리는 함정어구다. 대구 자원증식을 위해 채란할 때도 호망으로 살아 있는 개체를 포획한다. 그리고 거제 외포와 관포에서는 대구만을 경매하는 새벽 경매가 펼쳐지며, 어민들은 금어기를 엄격하게 지키고 있다. 잘 자란 대구를 적기에 적정한 방법으로 잡는 것이다. 슬로피시slow fish(지속 가능한 어업과 책임 있는 수산물 소비)가 강조하는 '좋고, 맛있고, 공정한' 음식에 딱 어울린다.

가장 기억에 남는 대구탕도 거제 외포에서 새벽에 먹었던 것이다. 외포는 거제 동쪽에 있는 어촌마을이다. 대구잡이 어민들은 어둠을 가르고 나가 동이 트기 전에 호망을 털어 항구로 돌아온다. 경매가 끝나면 대구를 사려는 사람들이 줄을 잇는다. 음식 장사를 하는 사람뿐만 아니라, 일부러 찾아와 대구탕 한 그릇 하고 마른 대구와 생대구를 사는 사람도 많다. 더불어, 부산으로 이어지는 거가대교가 완공되어 찾는 사람이 늘고 있다. 우연히 들렀다가 단골이 된 대구탕집은 무나 다른 채소를 넣지 않는다. 오직 대구만 넣고 끓여낸다. "대구탕에 대구만 들어가야지, 다른 것이 들어가면 제맛을 잃는다."는 것이 안주인의 고집이다. 오롯이 손맛과 대구로만 맛을 낸 탕이다. 거제 바닷가 동백꽃이 붉게 필 때, 대구탕 국물은 한층 깊어지고 시원해진다.

장목항 조개탕

깊은 바다에서 잡아온
개조개의 시원함

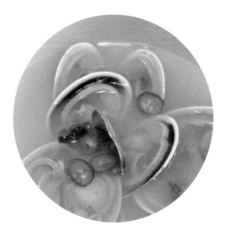

南海
〰〰

+

경상남도 거제시 장목면 장목리 | 거제, 통영 및 여수, 태안 등지 서식

봄과 초여름 제철 | 개조개*

"어, 시원하다." 사내 두 명이 큰 대접을 들고 흡입하듯 국물을 마시고는 나가면서 하는 소리다. 어제 진하게 한잔한 얼굴들이다. 그들이 마신 국물은 큰 조개 댓 개와 작은 조개 서너 개가 들어 있는 맑은 조개탕이다. 큰 조개는 개조개, 작은 조개는 바지락이다. 개조개는 잠수부가 물속을 10여 미터 이상 내려가 채취해 온다. 일 년 내내 채취하지만 초여름이 살도 차고 맛도 좋을 때다. 거제시 장목면 장목항에 있는 잠수기수협에서는 오후 4시면 개조개 경매가 이루어진다.

그곳 선창에 있는 허름한 조개탕집은 주민들이 즐겨 가는 집이다. 반찬은 단순하다. 이번에는 톳무침, 감자조림, 배추물김치, 돌나물물김치, 부추전이다. 지난번에는 국물을 자작하게 잡고 모자반과 살짝 삶은 콩나물을 무쳐 넣은 몰(모자반)설칫국(해조류와 조개류 등을 넣어 끓인 후 시원하게 먹는 국으로, 콩나물을 삶아 넣기도 한다)을 내놓았다. 조개탕에 만족하니 반찬은 크게 문제되지 않았다.

개조개는 거제와 통영뿐만 아니라 여수와 태안 등에도 서식한다. 그럼에도 장목리 개조개를 으뜸으로 꼽는 것은 그곳이 잠수기潛水器어업이 가장 활발하기 때문이다. 그렇지 않으면 물이 많이 빠지는 영등철에나 구경하는 귀한 조개다. 선창에는 뱃머리를 노랗게 칠한 잠수기 어선이 줄지어 있다. 멀리서 봐도 잠수기 어선을 금방 확인할 수 있도록 한 조치다. 그만큼 불법으로 깊은 바다에 사는 조개를 약탈해 가는 어선이 많다. 잠수부는 어선에서 공기압축기를 통해 호스로 산소를 공급받아 물속에서 오랜 시간 조업한다. 흔히 '머구리'라고 부른다. 채취하는 조개는 대합, 개조개, 키조개, 왕우럭조개 등이다. 잠수기어업은 배를 운전하는 선장, 잠수부를 돕는 선원, 잠수부 등 세 명으로 이루어져 있다. 옛날에는 잠수부, 기관장, 식사를 준비하는 화장, 잠수부를 돕는 선원, 잠수부를 따라 노를 젓는 사공 등 다섯 명으로 구성되었다.

거제나 통영에서 조개라 칭하는 것은 개조개를 가리킨다. 식당 차림표에도 '조개탕'이라 적혀 있다. 사내들이 감탄한 시원한 국물은 개조개와 함께 바지락을 꼭 넣어야 한다. 조개탕집 안주인이 알려준 비법이다.

南海

진동 미더덕

천덕꾸러기에서 주연급 조연으로 떠오른
은은한 감칠맛

미더덕을 보면 '사람 팔자 알 수 없다.'는 말이 떠오른다. 해적생물로 온갖 눈총을 받았고, 오일장에서 해충을 파느냐며 따돌림을 받기도 했다. 하지만 진동만은 물론 마산 지역에서 미더덕은 아귀찜과 된장국에 꼭 있어야 할 주연 같은 조연이었다. 그 조연을 찾아 해안 벽지까지 와서 줄을 서서 미더덕을 먹고 사 가리라고 그 누가 상상이나 했겠는가. 이 미더덕 주산지가 마산합포구 진동면 고현마을이다. 김려가 《우해이어보》를 집필한 곳이기도 하다. 이와 더불어 조선 어류 연구서의 쌍벽을 이루는 《자산어보》에서는 미더덕을 '음충淫蟲', 속명

+
경상남도 창원시 마산합포구 진동면 | 3월 제철 | 미더덕*, 음충, 오만둥이

297

은 '오만둥이'(오만동五萬童)라 했다. 음충에는 머리가 크고 꼬리를 바위에 붙이고 자라는 종과, 호두와 비슷한 종이 있다고 했다. 각각 미더덕과 오만둥이로 풀이된다. 바다에서 나는 더덕 모양이라 미더덕이라 했다.

점심시간이 훨씬 지난 시간에 고현마을을 찾았다. 인근 섬에 들렀다가 번잡한 시간을 피해 찾았는데 여전히 붐비었다. 자리를 잡고 다른 사람 상차림을 보니 딱새로 입가심을 하고 미더덕덮밥으로 마무리하는 사람이 많다. 우선 덮밥을 주문하고 미더덕회와 미더덕무침은 포장을 선택했다. 회나 무침은 봄철이 아니면 맛보기 힘드니 그 기회를 놓칠 수 없었다.

미더덕은 3월이 제철이다. 그래서 겨울잠을 잔 몸을 깨우는 음식이라고 한다. 그 맛은 멍게와 흡사하지만 향이 더 은은하다. 진동만 어민들은 미더덕을 모든 음식에 조미용으로 사용하기도 했다. 약간 쌉쌀한 첫맛에 감칠맛이 오래 입안에 맴돈다. 그 맛을 주민들은 "들쩍지근하다."고 표현한다.

진동만은 고성, 통영, 거제의 크고 작은 섬들이 자연 방파제 역할을 하고 있어 조류가 잘 통하고 잔잔하다. 이미 자리를 잡았던 굴과 홍합 양식 어민들의 온갖 눈총을 견디며 지켜낸 미더덕이다. 시장에서는 온갖 푸대접을 받으면서도 미더덕을 팔아 쌀을 사고 생필품을 구했다. 미더덕으로 자식을 키우고 바닷마을을 지켰다. 도시로 간 자식들이 미더덕농사를 짓겠다고 돌아오니, 이 녀석이 정말 효자다.

미더덕덮밥

가덕도 봄숭어

보리 싹이 날 때 육질이 단단하고
기름져 입맛을 사로잡는다

南海

+
부산광역시 강서구 천가동 | 봄 제철 | 숭어*, 보리숭어

겨울숭어가 무안 도리포 숭어라면, 봄숭어는 부산 가덕도 숭어다. 서로 생김새도 종도 다르다. 겨울숭어가 사각사각 씹힌다면, 봄숭어는 쫄깃하다. 겨울에 맛이 좋은 숭어는 가숭어고, 봄에 맛이 좋은 숭어는 그냥 숭어다. 숭어는 4월과 5월 보리 싹이 날 때 맛이 좋아 '보리숭어'라는 별칭을 갖고 있다. 숭어는 모든 해역에서 잡히고 일찍부터 사랑을 받아 별칭이 많다. 숭어든 가숭어든 여름에는 맛이 없다. 그래서 "여름숭어는 개도 안 먹는다."고 했다. 산란기를 피해 살이 단단하고 육질이 기름진 때에 맛이 좋다. 숭어는 가을과 겨울에 산란하고, 가숭어는 여름에 산란한다.

대항마을 주민들은 봄에 가덕도 등대를 지나 마을 쪽으로 떼를 지어 이동하는 숭어를 잡는다. 그 어법이 독특하다. 숭어가 지나는 길목에 그물을 펼쳐놓고 기다렸다가 그 위로 지나가면 그물을 들어 올려 잡는다. 표층 어류이며 군집이동을 하는 생태적 특성을 이용한 어법이다. 배 여섯 척이 너른 그물을 펼쳐 잡는 어법이라 '육소장망'이라 하지만, 주민들은 '숭어들이'라고 부른다.

숭어가 들어오는 그물 입구는 넓고 나가는 출구는 좁다. 《자산어보》에서는 "물이 맑으면 그물에서 열 발자국쯤 떨어져 있어도 그 기색을 잘 알아챌 수 있으며 (중략) 그물에 걸려도 그 흙탕에 엎드려 온몸을 흙에 묻고 단지 한 눈으로 동정을 살핀다."라고 했는데, 이처럼 숭어는 의심이 많고 민첩하다. 사람 그림자만 봐도 도망친다. 선원들은 숭어가 인근에 나타나면 앉거나 눕고, 산허리 망대에 있는 망수의 신호를 기다린다. 망수는 오랜 경험으로 물빛을 보고 숭어떼의 규모를 파악한다. 그러고는 가장 큰 규모로 이동하는 숭어떼가 그물 위를 지나면 신호를 한다. 신호에 따라 10여 초 내에 그물을 조여야 포획할 수 있다. 운 좋게 10년 전에 목선으로 숭어들이를 하는 모습을 보았다. 망수를 포함해 선원까지 모두 20여 명의 마을 주민이 참여하는 어업이다. 망수는 어른으로 존경을 받으며 돌아가신 역대 망수의 위패를 망대에 모시고 풍어를 기원한다.

　　최근에는 신항 개발 등 환경 변화로 어획량이 줄어 운영에 어려움을 겪은 데다 선원들도 나이가 들어 기계식 양망기를 들이기도 했다. 많이 잡을 때는 한 번에 2만여 마리의 숭어를 포획하기도 했다. 봄 한철만 숭어를 잡아도 밥상은 말할 것도 없고, 마을과 선원들 곳간이 풍성했다.

영도 고등어해장국

국민생선 고등어로
추어탕처럼 끓인 맛이라니

        식당 문을 열고 들어가려다 '이거 겨울철에 먹어야 하는 건가.'라는 생각에 멈칫했다. 고등어는 찬바람이 불어야 맛이 있다는 통설 때문이다. 참고등어(고등어속에 고등어, 망치고등어가 있는데 그중 고등어)는 늦가을부터 겨울이 제철이다. 이때 제주도 인근에서 선망旋網(두릿그물. surrounding net)으로 잡은 고등어가 부산공동어시장으로 들어온다. 물론 겨울에 잡은 참고등어도 급속 냉동해 보관하면 여름철에도 맛이 떨어지지 않는다. 한편, 망치고등어는 가을보다 여름이 제철이다. 더구나 최

+
부산광역시 영도구 | 참고등어 겨울 제철, 망치고등어 여름 제철
고등어*, 참고등어, 망치고등어(고등어속)

근에는 고등어 양식까지 가능해져 어느 철에나 회를 즐길 수 있게 되었다. 보관과 운반기술이 발달하면서 생물 고등어도 전국 어디에서나 만날 수 있다. 고등어라면 역시 부산이다. 부산은 2011년 시市어를 고등어로 정했다. 고등어의 생김새와 생태적 특성을 호쾌함, 청정함, 역동성, 영민함, 창조성으로 해석했다. 한국인이 가장 많이 먹는 국민생선이다. 그런데 어느 틈엔가 노르웨이고등어양식협회가 비집고 들어와 있는 형세다. 그들의 치밀한 시장조사와 적극적인 마케팅의 결과다.

'구이나 조림은 들어봤지만 추어탕이라니.' 고개를 흔들었다. 추어탕이라면 당연히 미꾸리다. 백 보 양보해서 장어 정도는 이해한다. 하지만 고등어추어탕이라니. 2020년 늦가을 영도 봉래산에 올랐다가 내려오면서 남항동 추어탕집을 찾았다. 골목을 지나면서 문이 열려 있는 것을 보고 차를 주차하고 오니 문이 반쯤 닫혀 있다. 조심스럽게 문을 열고 들어가니 주인이 막 문을 닫으려는 참이었다고 했다. 이 집은 새벽 4시에 문을 열어 13시, 그러니까 오후 1시면 문을 닫는다. 그렇게 60여 년을 이어오고 있단다. 개업 당시 남항선창에 굴러다니는 것이 고등어였고, 시장에서 쉽게 얻을 수 있는 것이 시래기였다. 주변에 술집도 많았고 색싯집도 있었다. 밤새 술을 먹고 아침에 기다렸다 해장국을 한 그릇 후루룩 마시고 들어가는 사람이 많았다. 새마을운동 시절에는 아침 일찍 청소하고나면 유지들이 주민들과 함께 들어와 밥값을 내고 가기도 했다. 지금도 새벽에 배를 타고 나가는 사람들이 이른 아침 고등어해장국(고등어추어탕을 '고등어해장국'이라고 부르기도 한다) 한 그릇 후루룩 비우고 배를 탄다. 조선소에서 일하던 사람들도 단골이었다. 그사이 주인도 바뀌었지만 고등어해장국만은 바뀌지 않았다.

부산공동어시장 고등어 위판장

南海

고등어해장국

+

낙동강 하구
명지갯벌

우리나라 갯벌은 강과 하천을 통해 내려온 흙과 모래가 강물의 유속이 느려지면서 강어귀에 쌓여 만들어진 하구갯벌이다. 한강, 금강, 영산강 등 강어귀에 섬이 많은 서해는 조차가 심해 갯벌이 발달했다. 우리나라 갯벌의 80퍼센트 이상이 서해에 분포한 이유다. 그런데 부산에도 만만치 않은 갯벌이 있다는 사실을 아는 사람은 드물다. 그 갯벌을 만드는 주인공이 바로 낙동강이다.

낙동강 하구에 신호도, 명호도, 을숙도 등 몇 개의 섬이 있었는데, 지금은 매립되고 을숙도만 다리로 연결되어 남았다. 그 너머 남쪽으로 진우도, 산자도, 장자도, 사자도 등 모래섬이 아직도 있다. 큰 홍수에 모양이 바뀌기도 하지만, 이섬들은 강 하구에 토사가 쌓여 만들어진 섬으로 '하중도河中島'라 한다(여의도, 밤섬, 초평도 등도 하중도에 해당한다). 그 주변에 녹산갯벌, 신호갯벌, 명지갯벌, 을숙도갯벌, 명금어리갯벌 등이 있다. 《신증동국여지승람》을 보면, "큰비나

南海

가뭄이 오거나 큰바람이 불거나 하면 반드시 우는데 그 소리가 천둥소리와 같아서" '명호鳴湖'라 했다고 한다. 명지도를 일컫는 다른 이름이다. 이곳에는 조선시대 영남 일대에 소금을 공급했던 염전이 있었다. 정약용이 "명지도의 소금이득이 나라 안에서 제일"이라고 꼽을 정도로 생산성도 높고 생산량도 많았다. 해방 후 태풍 사라(1959년)의 영향으로 명지도 일대 염전은 훼손돼 대파밭으로 바뀌었지만, 신호도는 1950년대 늦게까지도 소금을 생산했다. 대파 산지로 바뀐 후로 이곳에서 생산된 '명지대파'는 부산의 돼지국밥은 말할 것도 없고 대구 따로국밥, 서울 설렁탕까지 섭렵했다.

12월 어느 주말 명지수협에 들렀을 때는 새벽에 채취한 물김이 위판을 기다리고 있었다. 조선시대 토산품으로 기록된 이곳 김은 '섶(잔가지로, 싸리나무나 대나무나 갈대를 이용) 양식'으로, 즉 갈대를 묶어 갯벌에 꽂아 김을 양식해 채취했다. 지금은 가덕도와 다대포 일대의 깊은 바다에서 대규모 김 양식이 이루어지고 있다. 갯바람이 차가운 신호도 갯벌에서 한 주민이 조개를 캐느라 여념이 없고, 산을 개간하듯 갯벌을 일궈 갯밭을 만들어 조개를 키우는 사람도 있다. 방조제를 쌓고 물길을 막아 옛 모습은 찾기 어렵지만 명지갯벌은 여전히 제 역할을 하느라 숨이 가쁘다.

+

밀양
한천

　　　　　　한천은 황태 만들 때처럼 추운 겨울에 얼리고 녹이기를
반복해서 만든 우무를 건조한 것을 가리킨다. 실처럼 가늘고 긴 실한천과 직육
면체의 각한천, 그리고 분말한천이 있다. 우무는 우뭇가사리나 꼬시래기처럼
세포벽이 점액질 성분을 띠는 다당류로 구성된 홍조식물로 만든다. 뜨거운 물
에 몇 시간을 끓여서 찌꺼기를 걸러낸 다음 응고된 우무를 20여 일 얼녹여 완
성한다. 한때 대구, 부산, 장성, 목포 등 전국 10여 곳에 자연한천 공장이 있었
다. 지금은 경상북도 밀양면 산내면의 '밀양한천'이 유일하고, 기계로 우무를 건
조하는 공업한천 공장도 몇 곳 없다.

　　밀양한천은 제주도 하도 지역 해녀들이 봄철에 채취한 우뭇가사리를 이용한
다. 우뭇가사리도 중요하지만, 좋은 한천을 만들려면 무엇보다 지형, 기온, 수질
3박자가 갖춰져야 한다. 배산임수 형국에 기온은 영하 5도에서 영상 5도가 한
달여 지속되어야 한다. 여기에 물이 좋아야 한다. 이러한 조건에 적합한 지역이

밀양 산내면이다. 주변은 영남알프스로 둘러싸이고 그 안쪽으로 산내면을 아우르는 산지로 이루어져 있다. 산과 골이 깊으니 물이야 말할 것도 없다. 일제강점기에는 조선총독부가 식품은 물론 군수품, 수출품 등까지 수급과 판매를 통제했다. 해방 후에는 미군정에 의해 뉴욕에 수출품 1호로 판매되어, 부족한 물자를 구입하는 비용을 마련하기도 했다. 또한, 6. 25 전쟁 후에는 한천은 중석과 함께 대한민국을 대표하는 수출품목으로서 외화 회득은 물론이고 식품산업 등 경제발전에 큰 역할을 했다.

한천은 젤리, 푸딩, 양갱 등의 겔화제나 아이스크림과 요구르트 등의 안정제로, 그리고 샐러드와 우무콩국 등에 이용한다. 식품산업만 아니라 의약품 시약, 조직배양용 배지로도 이용한다. 한천은 식이섬유가 톳보다 두 배나 많고, 포만감이 좋아 과잉섭취를 막아, 다이어트식품으로 인기가 좋다. 또한, '내 몸의 청소부'로 알려져 있다.

'밀양한천'에는 가공공장, 한천 전문레스토랑(마중), 판매장이 있다. 이곳 식당에서는 한천을 이용해 냉모밀, 메밀비빔면, 어묵우동, 덮밥, 콩국, 후식까지 내놓고 있다. 한천의 역사와 문화를 엿볼 수 있는 국내 유일의 한천박물관도 있다.

우무를 얼녹이며 한천을 만드는 과정

해안으로 밀려온 우뭇가사리를 줍는 제주 하도리 주민

東海

고성

강릉

삼척

울릉도

포항·영덕

기장

대변항 멸치젓

고된 노동으로 얻은,
멸치젓에 최적화된 멸치

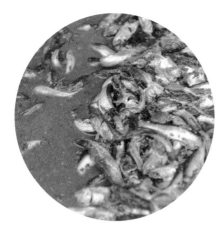

東海
〜〜〜

+
부산광역시 기장군 기장읍 대변리 | 4월 멸치젓 | 유자망 멸치

316

4월은 김장용 멸치젓을 준비하기 좋은 계절이다. 그래서 이맘때면 멸치로 유명한 대변항을 찾는 사람이 많다. 싱싱한 멸치회와 멸치조림으로 봄맛을 즐기고 김장용 멸치젓을 준비하기 좋은 곳이다. 부산 기장에 있는 대변은 멸치뿐 아니라 미역과 다시마로도 유명하다.

대변에서는 유자망으로 멸치를 잡는 배가 10여 척 있다. 유자망은 배와 함께 떠다니는 그물로, 떼를 이뤄 이동하는 물고기를 그물코에 꽂히도록 해서 잡는다. 대변항 유자망은 그물코가 커서 봄철에는 한 뼘에 이르는 멸치가 잡힌다. 멸치는 잡는 방법에 따라 유자망 멸치, 낭장 멸치, 정치망 멸치, 죽방 멸치, 권현망 멸치 등으로 구분한다. 여수, 진도, 신안에서는 낭장망을 많이 이용하고, 남해와 사천에서는 죽방렴으로 잡는다. 남해 앵강만에서는 정치망으로 잡기도 한다. 통영과 거제에서는 두 척의 배가 대형 그물을 끌어 잡는 권현망도 이용한다.

멸치는 잡는 방법에 따라 선도鮮度가 다르고 쓰임새가 차이가 나며 가격도 다르다. 대변항 멸치는 유자망에 꽂힌 멸치를 털면서 멸치머리나 내장도 빠져나가는데, 육질보다 잘 삭은 육즙이 필요한 김장용 젓갈에 딱 맞는 멸치가 준비되는 것이다. 부산이나 거제, 통영에서는 이 '멜젓'(멸치젓의 경남 방언)을 이용해 섞박지나 배추김치를 담갔다.

그물에 꽂힌 멸치를 털어내는 모습은 흥미로운 구경거리지만 선원들에게는 가장 힘든 노동 과정이다. 어획량이 많을 때는 일을 마치고 배에서 잠을 청하고 곧바로 다음 날 조업을 나가기도 한다. 그물을 털 때는 여러 명이 박자를 맞추어 손목의 힘으로 그물을 당기면서 내리치기를 반복해야 한다. 한 사람이라도 엇박자를 낸다면 힘은 더 들고 멸치를 그물코에서 떼어낼 수 없다. 그래서 박자도 맞추고 힘든 것도 잊으려고 불렀던 노래(후리소리)가 전해진다.

東海

유자망 그물털이

학리마을 말미잘탕

화려한 외모만큼 좋은 말미잘의 식감,
거기에 붕장어의 진한 육수까지

東海

+
부산광역시 기장군 일광면 | 해변말미잘*, 석항호, 홍말주알

말미잘을 먹는다고? 화려한 외모를 자랑하는 말미잘을 먹는다는 말을 믿을 수 없었다. 게다가 '십전대보탕' '용봉탕'처럼 보양식으로 이름을 올렸다. 그래서 '말미잘탕'으로 유명한 기장군 일광면 학리마을을 찾았다. 마을 앞 물양장(소형선 부두)에는 곳곳에 붕장어를 잡는 주낙틀(낚시바늘을 끼운 큰 함지박)이 차곡차곡 쌓여 있었다. 붕장어는 긴 몸줄에 많은 낚시를 매달아 청어, 정어리, 고등어 등을 미끼로 잡는다. 이 주낙에 간간이 올라오는 불청객 말미잘을 20여 년 전부터 식탁에 올리기 시작했다. 말미잘은 주낙뿐만 아니라 통발이나 그물에도 곧잘 잡힌다.

식용으로 사용하는 말미잘은 학리, 칠암, 신암 등 기장군 동쪽 바다의 수심 깊은 곳에서 잡히는 해변말미잘이다. 수산물이 대부분 그렇듯이 잡아 온 말미잘은 씻지 않고 수족관에 넣어야 신선도가 유지된다. 조리하기 직전 흐르는 물에 바락바락 문지르고 닦아서 이물질을 제거하고 내장을 빼낸 후 적당한 크기로 자른다. 생각한 것보다 커서, 물을 품고 있을 때는 어른 주먹만 하다.《자산

어보》에서는 말미잘을 '석항호', 속명으로 '홍말주알'이
라 했다. 그리고 "형상은 오래 설사한 사람의 삐져나온
항문과 같다."고 했다. 아주 직관적인 표현이다. 덧붙여
"뭍사람들은 국을 끓여 먹는다고 한다."고 했다.

　　학리마을에는 대여섯 집이 말미잘탕을 내놓고 있다.
두 명이 먹기 적당한 말미잘탕에는 말미잘 두 마리에 붕
장어 한 마리가 들어간다. 붕장어탕은 국물 맛이 좋지만
식감은 부족하다. 반대로 말미잘은 육수보다는 부드러우
면서도 쫄깃한 식감이 좋다. 서로 보완하며 완벽한 탕을
이루는 찰떡궁합이다. 여기에 채소와 방앗잎을 넣어 비
린내와 잡내를 잡았다. 말미잘을 찾는 사람이 많아지면
서 탕만이 아니라 수육으로 내놓기도 하고, 건조해 양념
구이를 내놓는 곳도 있다. 그냥 붕장어탕이라면 누가 구
석진 목에 자리한 마을까지 가겠는가. 붕장어탕보다 말
미잘탕이라 하니 일부러 식객들이 찾아온다. 장어와 가
자미를 잡는 낚시에 눈치 없이 올라와 마을을 살리는 효
녀 노릇을 하는 셈이다. 마을 당할매가 현신한 것인지, 고
맙기 그지없다.

△ 말미잘
▽ 말미잘탕

구룡포 모리국수

팔고 남은 생선들로 만들어
뱃사람들 허기를 달래주던 포항의 명물

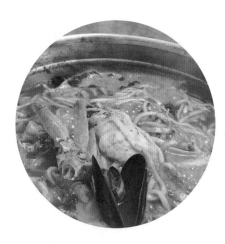

東海
〰〰〰

+
경상북도 포항시 남구 구룡포읍 ┃ 구룡포 시장골목에는 칼국수,
멸치국수 집도 여럿 ┃ 일본 이주어촌의 흔적 탐사도 추천

원조집이 다 그렇듯이 모리국수도 언제 누가 시작했는지는 분명치 않다. 분명한 것은 잊힌 모리국수가 향토음식으로 재탄생해 사랑을 받고 있다는 점이다. 겨우 명맥을 잇던 모리국수가 지금처럼 사랑받게 된 것은, 구룡포 시인 권선희가 우연히 맛보고는 너무 반해 2004년 한 인터넷신문에 소개하면서부터다. 시인의 감성으로 기억과 추억이 될 음식을 불러낸 것이다. 지금은 시장골목에 10여 곳의 모리국숫집이 문을 열어 모리국수 거리를 만들었다. 주인이 고령이라 운영이 어려워 문을 닫았던 집도 다른 가족이 다시 열었다.

모리국수는 해물로 육수를 만든다. 고춧가루를 넣어 얼큰하게 한 냄비를 끓여 먹어야 제대로 맛을 낼 수 있다. 뱃사람들 허기를 달래는 데 안성맞춤이다. 그날 잡은 생선 중 팔고 남은 것을 넣고 국수와 함께 끓인 것이 시작이었다. 돈이 되는 생선들은 상인이나 소비자에게 넘기고 남은 명태, 아귀, 등가시치(장치), 미거지(곰치) 등을 넣었다. 모두 머리가 몸통보다 크고, 비린내가 적고, 국물을 내기 좋다. 지금은 아귀를 많이 사용하며, 상품성이 떨어지는 붉은홍게와 홍합을 너하기도 한다.

잘 알려진 모리국숫집에서는 이제 줄을 서서 기다려야 한다. 혼자서 자리를 차지할 수 없어, 2인분을 주문하고 자리에 앉았다. 모리국수의 모리는 '모디' 먹는다, 팔고 남은 해산물을 '모디' 넣어 끓였다 해서 불리는 이름이란다. '모디'는 모두를 뜻하는 구룡포 말이다. 일제강점기 때 '많다'는 뜻의 일본어 '모리(森)'에서 온 말이라는 설도 있다. 국숫집 주인에게 자꾸 이름을 물어보자 "내도 모린다." 해서 붙여졌다는 이야기도 있다.

한때 구룡포에는 국수공장이 여덟 개나 있었다. 지금은 한 개만 남아 있다. 모리국수는 쉽게 구할 수 있는 국수와 해산물이 어우러져 만들어낸 음식이다. 주민들은 비싼 공장국수 대신 칼국수를 넣어 만들어 먹었다. 이제 모리국수를 먹던 뱃사람은 외국인으로 바뀌었다. 모리국숫집은 선원들 대신 여행객 차지가 되었다. 선원이든 여행객이든 찾는 사람이 있다면 모리국수는 계속 진화할 것이다.

東海

죽도 꽁치추어탕

청어 대역으로 등장했다가
주연이 된 꽁치

        편견을 버리면 자유롭다. 그런데 삶이 풍족할 때보다 부족할 때 자유는 곁으로 다가오는 듯하다. 꽁치추어탕을 앞에 두고 한 생각이다. 흔히 하듯이 미꾸리로 끓여야 한다는 생각에 사로잡혀 상상하지 못했다. 꽁치뿐만 아니라, 부산에서는 고등어를 넣기도 하고 웅어를 이용하기도 했다. 갯벌이 발달한 곳에서는 짱뚱어를 이용했다. 사실 추어탕은 들어가는 생선보다 시래기 맛으로 먹는 음식이다. 여기에 몸을 추스르는 영양분으로 물고기가 더해진 것이다. 지역마다 양념이 다르고 내려오는 손맛이 더해져 완성된다. 꽁치추어탕은 즉흥적이

+
경상북도 포항시 북구 죽도동 | 꽁치*

327

다. 그래서 늘 진화한다. 그렇다고 패스트푸드나 인스턴트는 더욱 아니다.

꽁치추어탕을 처음 맛본 것은 구룡포에서다. 과메기를 만드는 꽁치가 효자 노릇을 시작할 때였다. 당시 호미곶에 거대한 꽁치조형물이 만들어졌다. 그때 구룡포 주민들이 방문객에게 꽁치추어탕을 끓여서 제공했다. 싱싱한 꽁치를 대형 가마솥에 넣고 끓였으니 맛은 말할 필요가 없다. 그들은 청어보다 꽁치에 더 익숙한 세대들이었다. 그렇게 꽁치는 과메기의 주인공으로 자리를 잡았다. 많이 잡히는 꽁치를 엮어 과메기를 만들고, 시래기를 넣고 국을 끓여 온 가족이 끼니를 해결했다.

이번에 죽도에서 맛본 추어탕은 꽁치를 다져 완자를 만들어 끓인 것이다. '꽁다추'(꽁치다대기추어탕)로 알려져 있다. 식감을 살리면서 국물도 깔끔하게 내놓으려고 만든 것이 꽁치를 다진 완자였다. 어시장에서 경매를 마친 싱싱한 꽁치를 사용한다. 머리와 내장을 제거하고 뼈째로 다져야 해서 손이 많이 간다. 대를 이어 그 일을 해왔으니, 안주인의 어깨가 성할 리 없다. 끓는 육수에 된장등으로 조물조물 밑간한 시래기를 넣고 끓이다가 익혀놓은 완자를 넣어 다시 끓인다. 꽁치는 청어를 대신해 포항음식 과메기의 대역으로 등장했지만 이제 주연의 자리를

東海

차지했다. 오히려 다시 등장한 청어가 뻘쭘한 신세가 되었다. 청어 세대는 가고 꽁치 세대가 중년이 되었으니 어찌하랴. 그사이 안주인의 어깨는 병원신세를 면치 못했지만 포항의 맛을 찾아오는 식객들을 보면서 칼을 들고 꽁치를 다진다.

꽁치다대기추어탕

물가자미구이

먹을 게 없다고? 구이, 조림, 식해 등
풍성한 요리에 젓가락질 소리만 달그락 달그락

東海
〰〰〰

+
경상북도 영덕군 축산면 축산리 | 대진항, 경정항도 유명

기름가자미*, 물가자미, 미주구리

"다섯 마리 더 구워주세요." 고개를 돌려보니 엄마와 아빠 그리고 아이 둘까지 모두 네 명이다. 경상북도 영덕시 축산항 근처 물가자미 전문점에서 만난 가족이다. 물가자미정식에 나오는 네 마리에 다섯 마리까지 추가해 모두 아홉 마리를 먹는다. 추가한 물가자미구이 한 마리는 2,000원이다. 1인분은 주문을 받지 않으니 나도 2인분을 시켰다. 영덕 축산항, 대진항, 경정항은 물가자미로 유명하다. 특히 축산항은 물가자미로 먹고사는 어항이다. 영덕에는 대게만 있는 것이 아니다.

동해에서 '물가자미'나 '미주구리'라 부르는 것은 사실 '기름가자미'다. 어류도감에 있는 진짜 물가자미는 몸에 반점이 여섯 개가 있다. 하지만 축산항에서 만난 '물가자미'는 몸에 점액질이 많아 기름을 발라놓은 것처럼 끈적끈적하다. 수심 600미터 이상 저층에 서식해서 저인망 어선으로 잡는데, 깊은 바다에서 밖으로 올라오면 본능적으로 끈적끈적한 진액을 토해내 몸을 감싼다. 그래서 '기름가자미'라 부른다. 뼈가 물러 물가지미로 더 알려져 있고, 일본말 '미즈구리'라고도 불렀다.

기름가자미는 다른 가자미에 비해 대량으로 어획되고 생선 두께가 얇고 갸름하며 수율도 낮고 식감도 떨어져 값이 싸다. 그래서 말린 기름가자미는 찌거나 구워서 술집이나 식당에서 주문한 음식이 나오기 전에 맛보기로 등장한다. 또한, 점액질을 제거하고 손질한 뒤 썰어서 식해를 만들기도 한다. 식해는 가자미, 횟대기, 오징어, 소라, 심지어 갈치로도 만들지만, 으뜸은 기름가자미다. 영덕뿐 아니라 강원도 바닷마을에서도 즐겼다. 강릉에서는 김장할 때나 깍두기를 담글 때 썰어 넣기도 한다.

물가자미정식에는 구이뿐만 아니라 회가 채소와 함께 나온다. 이어 밥과 반찬으로 식해, 조림, 튀김이 준비되며, 찌개는 냄비에 보글보글 끓여 나온다. 가자미찌개는 조릴수록 맛이 좋다. 국물이 잦아들 때까지 기다려야 한다. 그사이 옆 가족에게도 구이 다섯 마리가 전해졌다. 소곤대던 소리도 들리지 않고 달그락 달그락 젓가락 소리만 요란하다.

도루묵구이

탱탱한 도루묵알과 함께
겨울에 즐기는 맛

한반도의 동해에서 사라진 명태는 돌아오지 않았다. 다시 돌아올 수 있을지도 의문이다. 대신 겨울철이면 그 자리에 미거지(곰치), 도치, 도루묵 등이 군웅할거하고 있다. 시원한 국물은 미거지와 도치가 탐내고, 조림이나 구이는 도루묵이 엿보고 있다. 그중 도루묵은 어민들에게만이 아니라 지역관광에도 효자 노릇을 제대로 하는 생선이다. 삼척에서는 도루묵을 '도루메기'라 한다. 한자로 '都路木魚'라고 표기하기도 했다. 11월 말부터 12월까지가 제철이다. 1월로 넘어가면 늦다.

+
강원도 삼척시 | 11월 말~12월 제철
도루묵*, 도루메기, 은어, 목어, 환목어, 도로목어

도루묵은 일찍부터 양반들 입살에 많이 올랐다. 조선 최고의 미식가 허균의 《도문대작》이나 이식의 《환목어還木魚》에 소개된 '도루묵 설화'가 대표적이다. 본래 도루묵은 '목어'였는데, 난을 피해 온 임금이 너무 좋아해 품격 있게 '은어'라 불렀다고 한다. 서유구는 《난호어목지》에 "배와 옆구리는 운모가루를 발라놓은 듯 하얘서 토박이들이 은어라 부른다."고 했다. 《신증동국여지승람》에도 함경도 길주 지역의 특산물로 은어가 확인된다. 설화에 따르면, 상했는지 아니면 너무 많이 드셔서 물렸는지 임금은 은어를 멀리했다. 그러자 다시 목어라 해서 '환목어'라 불렀다는 것이다. '도루메기'에서 메기를 한자 '목어'로, 도루는 돌아오다는 '환'으로 풀었다는 해석도 있다. 어쨌든 함경도 사람들의 처지도 그러했다. 조선 건국에 큰 역할을 해 대접을 받았던 지역이었지만 '이시애의 난'이 발생하면서 다시 변방 신세가 되었다. '말짱 도루묵'이란 이를 두고 한 말이다.

　　도루묵은 영동 이북에서 잡히는 한류성 어종이다. 평소에 동해 깊은 바다에 머물다 산란을 위해 삼척 일대 바위나 해초가 있는 연안으로 몰려온다. 이때 자망그물을 내려 잡는다. 이때 잡은 암컷 알배기 도루묵구이가 인기다. 조금만 늦어도 질기다. 알을 적게 낳아서 부드럽고 먹기 좋았다면 진즉 멸종되었을지 모른다. 해초에 붙어 있던 도루묵알은 종종 파도에 밀려 해안도로로 넘어오는데 자동차에 밟혀도 터지지 않을 정도다. 수컷 대신 많이 잡힌 알배기 도루묵을 팔아야 하니 생겨난 것일 수도 있다. 이제 질기고 탱탱한 알을 품은 도루묵구이를 즐기는 것이 식객들의 겨울 탐식으로 자리를 잡았다.

도루묵구이

섭국

껍데기째 세 개만 넣어도
충분하게 우러나는 감칠맛

東海

+

강원도 삼척시 | 가을과 겨울 제철 | 홍합*, 섭, 담치, 합자, 담채, 동해부인

설악산에서 시작된 붉은 단풍이 동해안으로 내려올 무렵 동해 바다 맛은 더욱 진해진다. 찬바람이 독해질 때 겨울바다가 내주는 깊은 맛이다. 그중 하나가 홍합이다. 얼큰하고 텁텁한 '섭국'이나 '섭장칼국수'에 '섭비빔밥'을 더하면 금상첨화다. 강원도에서는 홍합을 '섭'이라 한다. 또한 '담치' '합자'라고도 하며, 삶아 말린 것은 '담채'라 한다. 《본초강목》에서는 '동해부인'이라 했다.

우리나라에 서식하는 홍합, 지중해담치, 굵은줄격판담치 등은 모두 홍합과에 속하는 담치류들이다. 화물선의 평형수를 타고 우리나라에 정착했다고 알려져 있는 지중해담치는 성장속도가 빠르고 맛도 좋아 양식 품목으로 사랑받고 있다. 섭은 '참홍합'이라고도 불리는 자연산 홍합을 가리키며, 우리나라 모든 해역에 서식한다. 서해에서는 물이 많이 빠지면서 드러난 갯바위에서 채취하고, 동해에서는 파도가 높지 않은 날 해녀들이 물질로 얻는다. 홍합 요리를 할 때는 껍데기에 붙은 따개비나 부착물을 떼어내고, 수염이라 부르는 족사를 제거해야 한다.

족사는 부착력이 매우 강해 개체들이 서로 모여 생활할 때 서로 붙잡는 역할도 한다. 족사는 발의 역할을 하는 부위로 끝에 둥근 부착판이 있다.

홍합은 갯바위에 붙어 생활하며 플랑크톤을 먹고 자란다. 《자산어보》에서도 "바위 표면에 붙어 수백수천이 무리를 이룬다."고 했다. 홍합 살은 "붉은 것과 흰 것이 있으며, 맛이 달고 국이나 젓갈에 좋다. 말린 것이 사람에게 가장 좋다."고 했다. 《임원경제지》중 요리 관련 부분인 〈정조지〉에서도 "피로회복에 좋고, 사람을 보하는 효능이 있다. 특히 부인들의 산후에 나타나는 여러 증상에 좋다."고 했다. 강원도 속초, 강릉, 삼척에서는 보양식으로 얼큰한 섭국을 많이 끓여 먹었다. 또한, 칼국수를 만들 때도 섭을 넣고 얼큰하게 끓였고, 밥을 지을 때 섭을 넣기도 했다. 남쪽에서는 맑은 홍합탕을 즐겨 먹는 데 비해 강원도에서는 고추장을 넣어 얼큰하고 텁텁하게 끓이는 것이 특징이다. 섭국이든 섭칼국수든 국물을 만들 때 껍데기째 넣어야 감칠맛과 깊은 맛이 제대로 우러난다. 홍합 세 개면 국물을 내는 데 충분하다 할 만큼 감칠맛이 뛰어나다. 옛날에는 쉽게 구할 수 있는 흔한 서민조개였지만 지금은 비싸고 귀한 귀족조개로 신분이 바뀌었다.

東海

사천 섭죽

배고픈 시절 허기를 달래주었지만
이제는 귀해진 음식

2014년 남북 이산가족 상봉 행사에는 금강산의 채소와 동해의 홍합을 넣은 섭죽이 올라왔다. 섭죽은 동해의 실향민에게 익숙한 맛이다. 함경도나 강원도에서는 먹을 것이 없던 시절에 채소를 넣어 허기를 달랬다. 여름에는 닭고기까지 넣어 보양식으로 먹었다. 함경도에서는 홍합을 밥조개(북한의《조선향토대백과》에 따르면, 가리비 조가비를 밥주걱으로 사용한다며 가리비를 '밥조개'라고 한다)라 불렀다.

조개와 관련해서 강릉 경포호에 전해오는 적곡합積 穀蛤 이야기가 흥미롭다. 호수에 부유한 백성이 살았는

+
강원도 강릉시 사천면 | 가을과 겨울 제철 | 홍합*, 섭, 담치, 합자, 담채, 동해부인

데 탁발을 온 스님에게 똥을 퍼주어 집은 호수가 되고, 곡식은 작은 조개가 되었다. 그 조개는 달고 맛이 좋았다. 봄 가뭄이 들면 조개가 많이 나서 백성들이 발길이 이어졌다. 그런데 신기하게 풍년에는 적게 났다. 《택리지》의 〈복거총론〉에 전하는 이야기다. 우리나라는 일찍부터 조개를 많이 채취해 식량으로 사용했다. 선사시대 유적인 조개무지에서 확인된 것만 수십 종에 이른다.

옛날에는 전복에 비해 홍합이 값싼 식재료였는데, 지금은 홍합도 제법 귀하다. 전복은 이제 양식을 하고, 홍합은 여전히 해녀나 잠수부가 물속 깊은 곳에 들어가 채취해야 하는 탓이다. 홍합으로는 섭죽 외에도 감자와 메밀과 밀을 더해 섭칼국수, 섭장국을 만들었다.

보릿고개에 주린 배를 채워주었던 음식들은 지역에서 쉽게 구할 수 있는 재료였다. 강원도 뭍에서는 감자와 메밀이었고, 바다에서는 홍합이었다. 그리고 홍합은 쌀, 보리, 메밀, 밀 등 곡물과 잘 어울렸다. 쌀이 있으면 홍합밥을 만들고, 부족하면 섭죽을 끓였다. 먹을 사람이 많으면 물을 더 넣고, 홍합을 다져 넣어 늘렸다.

또한, 홍합에는 몸을 보하는 특성이 있다. 《조선무쌍신식요리제법》에서는 "흰 고기가 암컷이요 붉은 고기가 수컷"으로 "맑은 장에 끓여 먹으면 사람에게 대단히 이

東海

△ 어시장에 나온 섭

▽ 섭죽

롭고 부인에게 더욱 유익하다."고 했다. 섭을 이용한 음식 중에서 섭죽이 제일 손이 많이 간다. 그래서 식당에서 찾기 힘들다.

강릉 사천에는 식단에 없는 섭죽을 미리 주문하면 먹을 수 있는 식당('양푼이물회')이 있다. 함경도와 강원도 바닷마을에서는 홍합이 바다에서 나는 곡식이었다.

장치찜

강원도 땅의 감자와
바다의 장치는 환상의 조합

東海

+
강원도 강릉시 주문진읍 | 겨울 제철 | 벌레문치*, 장치

이번 강릉행에서 만날 주인공은 도루묵도 양미리도 아니다. 이름도 생소한 '벌레문치'라는 생선이다. 이름이 낯서니 음식이야 말할 필요가 없다. 주문진에 도착해 벌레문치에 관해 물으면 "그게 무슨 고기래요?"라고 반문한다. '장치'라고 해야 그제야 "아하, 장치찜!"이라고 반색한다. 간혹 "장치찜 전문집"이라는 안내판을 내건 식당이 있다. 입에 잘 붙지 않는 '벌레문치'라는 생선의 이름은 몸에서 등지느러미로 이어지는 여러 개의 벌레 모양 무늬 때문에 붙여졌다. 명태가 동해를 대표하던 시절에는 장치나 뚝지 등은 그냥 잡어였을 터다. 하물며 물컹하고 못생긴 장치를 제대로 이름을 찾아 불렀을까 싶다. 장어처럼 길어서 강릉 지역 어민들은 부르기 쉽게 '장치'라는 속명을 붙였을 수 있다.

사철 나오지만 겨울에 좋다. 산란철이라 살이 올랐지만, 무른 살이라 말리는 것이 좋다. 입이 크고 넓으며 머리는 크고 눈은 작아, 얼핏 보면 갯벌에서 볼 수 있는 망둑어가 연상된다. 어찌 보면 민물메기가 떠오르기도 한다. 모양이 비슷한 어류로는 농어목에 등가시치나 장갱이가 있다. 특히 장갱이를 장치라 부르기도 해서 헷갈리기 쉽다. 다 자라면 벌레문치가 장갱이보다 크다. 등가시치는 부산, 거제, 통영 등 남해안에 서식한다. 통영 사람들은 등가시치가 살이 많고 단단해 회로 먹고, 비린내가 없어 머리와 뼈는 미역국을 끓일 때 넣는다. 농어목에 속하니 집안은 좋은 셈이다.

　일부러 장치를 잡기 위해 그물을 놓지는 않는다. 가자미를 잡으려고 놓은 그물이나 끌그물에 잡혀 올라온다. 팔아서 돈을 만들기보다는 꾸덕하게 말려서 찜이나 조림으로 즐겼다. 특히 강원도 땅에서 나는 감자와 강원도 주문진의 바다에서 잡은 장치는 환상의 조합이다. 장치는 어릴 때는 수심 몇 백 미터 깊이에서 자라지만 크기가 1미터에 이르면 1,000미터 내외의 더 깊은 바다에서 서식한다. 굽은 소나무가 선산을 지킨다고들 하는데, 이제 강원도 깊은 바다는 장치가 지키고 있다. 이참에 이름도 주민들이 부르는 '장치'로 하면 어떨까.

△ 새벽 조업을 마치고 들어오는 어선들
▽ 건조 중인 장치

주문진 곰칫국

얼큰하고 칼칼하며 시원한 맛에
피로가 싹 가신다

東海

+
강원도 강릉시 주문진읍 | 겨울 제철 | 미거지*, 곰치

먼 길이지만 겨울철이면 동해안을 자주 기웃거린다. 한류성 물고기들이 제철이기 때문이다. 제철이어서 맛이 있는지, 많이 잡혀서 익숙한 맛이 된 것인지 지금도 모르겠다. 암튼 이제 곰칫국이 시원해지는 계절이다. 이와 함께 곰치, 미거지, 꼼치, 물메기 등 명칭을 둘러싼 진위 논쟁이 이어진다. 지역에 따라 부르는 이름이 다르기 때문이다. 곰칫국의 주인공은 어류도감에는 '미거지'로 소개되어 있다. 그런데 통영이나 거제에서 물메기탕에는 미거지와 다른 종인 '꼼치'를 사용한다. 여기에 '물메기'라는 종도 있어 더 헷갈린다.

미거지는 겨울철이면 주문진, 속초, 삼척, 죽변 등의 어시장에서 볼 수 있다. 동해 수심 200미터 내외, 깊은 곳은 700미터에서 서식한다. 다행스럽게도 겨울철에 산란을 위해 수심이 낮은 곳으로 올라오지만, 어민들은 추위 속에 그물이나 통발을 넣어야 하니 그 수고로움이야 어찌 다 말로 하겠는가. 더구나 새벽에 나가 건져야 한다.

이번에 만난 곰치를 잡아온 배는 부부가 조업을 하는 작은 배다. 따로 인건비를 지출하지 않아도 된다. 게다가 곰칫국을 찾아 주문진이나 강릉을 찾는 여행객이 많으니 지역경제에 얼마나 큰 도움을 주는가. 겨울철 주문진 어가를 살찌우는 효자 물고기인 셈이다. 절이라도 넙죽해야 할 판이다. 요란한 종소리와 함께 미거지 경매가 시작된다. 곰치가 위판장 바닥이 보이질 않을 정도로 많이 잡혔다. 비쌀 때는 10만 원이 넘어갔던 곰치를 만 원이면 살 수 있었다. 배에서 곰치를 내리는 부부는 값이 비싼 것보다 많이 잡히는 것이 훨씬 낫다며 얼굴이 활짝 피었다.

어시장에서 멀지 않은 곳에 있는 곰칫국 전문집을 찾았다. 주민들은 '물곰탕'이라 부르기도 한다. 작년까지만 해도 1인분을 팔지 않아 2인분을 시켜 먹었던 곳이다. 이번에는 1인분도 반갑게 맞아준다. 곰치도 2인분만큼 들어 있다. 곳간에서 인심난다는 말이 틀림없다. 얼큰하고 칼칼하다. 강원도 음식의 특징이다. 익은 김치에 고춧가루까지 더했다. 시원한 국물에 먼 길을 달려간 피로가 한순간에 가신다.

東海

위판을 기다리는 곰치

　　설 명절을 앞두고 할머니는 고슬고슬하게 흰밥을 해서
엿기름을 넣어 '식혜'를 만드셨다. 내가 아는 식혜는 이렇게 만든 달콤한 감주였
다. 처음 강릉에서 '식해'를 접했을 때, 영덕에서 가자미식해를 만났을 때 동공이
커졌던 것도 이런 기억 탓이다. 고춧가루에 버무린 생선은 조림도 아니고 탕도
아니었다. 익힌 것이 아니라 발효시킨 것이라는데 젓갈도 아니었다. 그런데 부
르기는 '식해'라고 했다. 지금은 일부러 속초시장과 영덕시장을 기웃거린다. 그
곳 식당에서 밥을 먹을 때는 찬에 가자미식해가 없으면 일부러 청하기도 한다.
김치처럼 흔한 밥반찬이었는데 이제는 따로 돈을 내야 하는 곳도 있다.

　　옛 문헌에는 '식해'만이 아니라 '식혜'라고도 적었지만, 통상 생선에 소금을 더
한 젓갈(醢)에 밥이 더해진 것을 '식해'라 한다. 강원도나 경상북도에서는 유교
식 제사에 반드시 올라가는 제물이었다. 가자미식해만이 아니라 명태식해와 도
루묵식해 심지어는 갈치식해도 만났다. 가자미식해는 제사상에 올리기도 했다.

강릉 창녕 조씨 종가에서는 제사에 사용하고 남은 생선포로 포식해와 소식해를 만들었다. 포식해는 고춧가루를 넣은 것으로 알뜰하게 살라는 마음을 담아 이바지 음식으로, 소식해는 맵지 않는 담백한 맛으로 바깥어른 주안상에 올렸다. 지금도 내림 음식으로 전해지고 있다.

　농서이자 음식책인《산가요록》을 보면, 생선뿐만 아니라 육고기로 식해를 만들기도 했다. 식해는 고기에 곡물을 섞고 소금을 더한 것이 그 시작이지만, 이후에는 엿기름과 고춧가루가 더해지기도 했다. 가자미식해를 만들 때 사용하는 가자미는 기름가자미다. 동해에서 잡히는 가자미의 절반이 이 가자미다.

　기름가자미를 꼬들꼬들하게 말린 후 지느러미와 머리 부분을 제거하고, 어슷하게 손가락 굵기로 썰어서 소금에 재운다. 이 과정을 거치면 가자미 육질이 더 꼬들꼬들해진다. 그리고 찬물에 씻은 뒤 물기를 빼준다. 좁쌀로 밥을 해서 식혀 놓는다. 물기를 뺀 가자미에 삭히는 역할을 하는 누룩을 넣고 엿기름가루를 더해 버무린다. 그리고 식힌 조밥, 마늘, 생강, 고춧가루를 넣고 버무려 그릇에 꼭꼭 눌러 담는다. 공기가 들어가지 않게 갈무리해 사나흘 신선한 곳에 보관한다. 그리고 무를 도톰하게 썰어서 준비한다. 소금을 넣어 물엿을 넣고 절인다. 두어 시간 후 물기를 제거하고 고춧가루를 넣어 조물조물 버무려놓는다. 여기에 삭힌 가자미를 넣고 매실청, 통깨를 넣고(선택) 버무린다. 꿀(선택)을 넣는다. 실온에서 일주일 동안 2차 발효한다. 소분해서 냉동실에 넣어두고 가끔씩 꺼내 먹는다.

도루묵찌개

추운 겨울 더 깊어지는 맛,
오래 먹고 싶다

東海
〰〰〰

+
강원도 고성군 | 속초, 강릉, 삼척도 산지 | 겨울 제철 | '1인 1통발' 체험 추천
도루묵*, 도루메기, 은어, 목어, 환목어, 도로목어

날씨가 몹시 춥다. 이렇게 한파가 이어지면 도루묵처럼 한류성 바닷물고기의 맛은 더욱 깊어진다. 농어목에 속하는 도루묵은 강원도 고성, 속초, 강릉, 삼척에서 많이 난다. 이곳에서는 도루묵을 '돌묵' '돌메기'라고 한다. 또한, '은어銀魚' '목어木魚' '환목어還木魚' '환맥어還麥魚'라고도 불린다. 도루묵은 날씨가 따뜻할 때는 진흙이나 모래가 많은 수심 200미터 이상의 깊은 바다에 머물다 산란기인 11월에서 12월에 연안으로 올라온다. 해초나 바위 등에 산란하며, 어민들은 이 시기에 통발이나 그물을 놓아 잡는다.

어휘 해설서인 《고금석림》에 따르면, 고려시대 임금이 동해로 피난을 갔다가 '목어'라는 물고기를 먹고 맛이 너무 좋아 '은어'라 했는데, 환궁해 다시 찾아 먹었을 때는 그 맛이 나지 않아 '도로목어'라 했다고 한다. 여름에 도루묵이 많이 잡히면 흉년이 든다는 말이 있다. 한류성 어종이 여름에 많이 잡힌다는 것은 이상기온으로 농작물에 냉해피해가 우려된다는 뜻 아닐까.

강원도 바닷가에서는 비리지 않은 도루묵을 삶아 김

장할 때 양념과 함께 버무려 넣기도 한다. 고성에서는 도루묵을 꾸덕꾸덕 말려 식해를 만들기도 한다. 잘 말린 도루묵은 겨우내 두고두고 양념에 볶거나, 조림으로 밥상에 올린다. 제철에 싱싱한 도루묵을 이용해 구이와 탕, 찌개를 만들기도 한다. 도루묵탕은 수컷 도루묵이 좋고, 구이는 암컷인 알배기 도루묵을 많이 이용한다. 특히 고성에서는 도루묵알을 삶아서 파는 상인도 있었다. 먹을 것이 없던 시절에 도루묵알은 최고의 간식이었다. 날이 추워지면 도루묵찌개가 인기다. 속초어시장에서는 도루묵회를 맛볼 수도 있다. 이 무렵 통발로 도루묵을 잡으려는 여행객들이 강원도 바닷가로 모여든다. 도루묵은 수산자원회복 대상종이다. 자원회복과 환경오염을 막기 위해 '1인 1통발' 체험 후 수거와 주변정리가 필요하다.

東海

도치알탕

못생겼지만, 바닷가 사람들의 입맛을 챙기는 효녀 물고기

집 나간 빗자루도 돌아온다는 섣달, 동해 북쪽 작은 바닷마을을 찾은 것은 순전히 시원하고 텁텁한 도치알탕이 그리워서다. 어류도감에서는 '뚝지'라지만, 고성에서는 '도치'나 '심퉁이'라 부른다. 그런데 어류도감에 진짜 '도치'가 있다. 뚝지와 마찬가지로 쏨뱅이목 도칫과에 속하지만 서로 다른 종이다. 뚝지는 30센티미터가 넘지만 도치는 5센티미터 내외로 동해에 서식하지만 먹지는 않는다.

날씨가 추워지면, 입안에서 톡톡 터지는 작은 알과 뭉글뭉글 부드러운 도치(뚝지) 살이 떠오른다. 신 김치를

+
강원도 고성군 현내면 | 겨울 제철 | 뚝지*, 도치, 심퉁이

넣고 고춧가루를 더해 칼칼하고 시원하게 끓인 도치알탕이 제철이다. 명태가 사라진 이후 도치는 고성 사람들이 겨울나는 데 빼놓을 수 없는 먹을거리다. 몇 년 전 이맘때 눈보라가 휘날리던 날, 낯선 곳에서 꽁꽁 얼었던 마음을 풀어주었던 음식이다. 주민들이 도루묵을 그물에서 따는 작업을 하다가 점심을 먹으려고 하나둘 들어가는 식당을 따라 들어갔다. 동해안 최북단에 있는 대진항이다. 오랜만에 다시 찾았지만 포구가 낯설지 않은 것은 그 식당이 그대로 있기 때문이다.

　도치는 생김새가 참 독특하다. 입은 작고 몸은 공처럼 둥글고 꼬리는 짧고 가늘다. 그리고 배에는 빨판이 있어 거친 파도에 휩쓸리지 않고 붙어 지낼 수도 있다. 보통은 그물을 놓아 잡지만, 간혹 물질을 하는 해녀의 눈에 띄어 잡히기도 한다. 빠르지도 강하지도 않은 도치가 생존할 수 있는 것은 빨판 외에도, 갯바위와 구분되지 않는 보호색과 많은 알 때문이다. 깊은 바다에서 생활하다 산란기가 되면 연안으로 이동해 6만여 개의 알을 낳는다. 산란기에 암컷 도치는 알집이 있어 배가 불룩하게 처져서 수컷과 구별할 수 있다. 암컷보다 큰 빨판을 가진 수컷은 알을 지키며 부화하는 것을 보고 죽는다. 아귀, 곰치와 함께 동해 '못난이 삼형제'로 꼽지만, 부성애는 못된 인간

어부들 발에 이리저리 차일 만큼 천대받았던 도치

들을 부끄럽게 한다.

고성에서는 도치알을 두부 모양으로 쪄서 제물로 올리기도 했다. 알탕만이 아니라, 수컷을 살짝 데쳐서 내놓는 숙회나 두루치기도 인기다. 집집마다 처마 밑이나 어구를 손질하는 작업장 구석에 손질해 걸어놓은 도치 몇 마리를 쉽게 발견할 수 있다. 시래기를 말리듯 걸어놓았다가 반찬이 없을 때 언제라도 꺼내 밥상에 올렸다. 한때 어부들 발에 이리저리 차일 만큼 천대를 받았던 도치는 있는 듯 없는 듯 고성의 바닷가 사람들 입맛을 챙기는 효녀 물고기다.

東海

△ 동해안 최북단에 있는 고성 대진항

▽ 도치알탕

양미리구이

연탄불 위에서 노랗게 구워지는
양미리 냄새에 식도락가들이 찾아온다

東海
〰️

+
강원도 고성군 거진읍 거진리 | 겨울 제철 | 까나리*, 양미리

날씨가 추워졌다. 이렇게 찬바람이 옷깃을 헤치고 스멀스멀 들어오면 마음은 동해로 달려간다. 오래전 한계령 넘어 동해에 도착해 만난 친구가 양미리였다. 거진항의 어둠은 빨리 찾아왔다. 이른 저녁을 먹고 낯선 포구를 배회하다, 포장마차에서 새어 나오는 냄새를 맡고 찾아들어가 만났다. 일을 마친 주민들이 연탄불을 가운데 두고 꽁치처럼 생긴 생선, 바로 양미리를 굽고 있었다. 그 생선이 서해 끝자락 백령도에서 보았던 까나리와 같은 집안이라는 것은 몰랐다. 백령도 까나리는 액젓을 만들고, 삶아서 말려 멸치처럼 이용한다. 고성과 속초의 양미리는 구이나 조림으로, 말려서는 볶음으로 즐긴다. 고성에서 보았던 양미리는 농어목 까나릿과에 속한 까나리이지만 강원도에서는 '양미리'라 부른다. 실제로 큰가시고기목 양미릿과에 속하는 양미리라는 바닷물고기도 있는데 까나리보다 작다.

옛날에는 산란을 위해 해안으로 몰려온 양미리(까나리)를 후릿그물(끌줄을 오므리며 끌어당겨 물고기를 잡는 그물)로 잡았다. 또한, 잠수부가 바다로 들어가 그물을 펼치고 말뚝을 박아 잡는 '발그물'도 사용했다. 지금은 양미리가 지나는 길목에 자망을 펼쳐 잡는다. 양미리는 모래밭에 몸을 숨기고 있다가 새벽녘에 먹이활동을 시작한다. 이때 어부들이 펼쳐놓은 그물코에 걸려 잡힌다. 그래서 양미리 잡는 어부들은 새벽 동이 트기 전에 조업에 나선다. 이들에게 10월부터 1월까지 3개월간 이어지는 양미리 잡이는 일 년을 기다려온 바다농사였다. 한때 수십 척이 조업에 나서서 양미리를 잡았지만, 지금은 겨우 손가락으로 꼽을 만큼으로 줄었다. 한동안 양미리 덕분에 생계를 잇고 자식들을 먹이고 가르치기도 했다.

양미리가 주렁주렁 꽂힌 그물이 항구로 옮겨지면 어머님들이 모여 양미리를 떼어낸다. 상처가 나지 않게 그물에서 신속하게 빼내는 것이 기술이다. 이렇게 양미리는 강원도 바닷가 사람들에게 겨울철 최고의 일자리를 제공해주었다. 푸른빛을 띤 노란 양미리가 살이 제대로 오른 양미리다. 서해에서는 가을 전어 굽는 냄새에 며느리가 돌아온다지만, 이곳에서는 겨울 양미리 굽는 냄새에 식도락가들이 찾아온다. 연탄불 위에서 노랗게 구워지는 양미리가 맛있는 계절이다.

△ 어시장에서 판매되는 양미리

▽ 양미리구이

긴잎돌김

거칠지만 오래 씹을수록 은근한 풍미를 주는
자연산 돌김

東海
〰〰

\+

경상북도 울릉군 | 배편 운항 | 겨울 제철 | 긴잎돌김*

대한민국에서 양식되는 김 품종에는 김밥용으로 쓰는 방사무늬김과 곱창김으로 알려진 잇바디돌김이 많고, 모무늬돌김과 슈퍼김도 있다. 이러한 양식 김과 달리 갯바위에 채취한 자연산 김을 돌김이라 하고, 울릉도와 독도에만 서식하는 돌김으로 '긴잎돌김'이 있다. 가공한 김밥용 김, 곱창김, 울릉도 돌김을 비교해보자. 공장에서 가공한 곱창김보다 김밥용 김이 더 조밀하다. 김밥용 김의 식감은 부드럽고 곱창김은 거칠다. 대신 고소한 풍미는 곱창김이 강하다. 긴잎돌김은 곱창김보다 더 거칠지만 오래 씹을수록 은근한 풍미가 전해진다.

최근에는 재래식 김을 상징하는 상품으로 돌김을 사용하기도 한다. 재래식 김은 수심이 낮은 갯벌 지역에 기둥을 세워 김발을 부착해 양식하는 지주식 김을 가리킨다. 이와 달리 수심이 깊은 곳에서 부표를 띄워 김발을 부착해 양식하는 것을 부유식 김이라 한다. 지주식은 조차가 큰 신안과 서천, 고창, 옹진 지역에서 발달했다. 부유식은 해남, 진도, 군산, 부산 지역에서 많이 한다.

한국해양과학기술원은 울릉도·독도의 2월 수산물

로 '긴잎돌김'을 선정했다. 이 돌김은 12월부터 2월까지 갯바위에 붙어 자라다가 3월 말 무렵에 엽체가 녹아 사라진다. 울릉도 주민들은 겨울에 맨손이나 '깔개'라는 간단한 도구로 김을 채취한다. 채취한 김은 바닷물에 여러 번 씻어 돌가루나 이물질을 골라내고 말린다. 이렇게 가공한 돌김은 무침, 부각, 구이, 죽, 부침개, 김국, 떡국 등 다양하게 조리해 밥상에 올렸다.

지금도 울릉도 천부, 죽암, 현포, 평리 등 몇 마을 20여 가구의 어머님들이 채취해 가공한 후 판매하고 있다. 파도가 거세면 채취할 수 없고 날씨가 좋지 않으면 건조시킬 수 없다. 나이가 많은 주민들이 미끄러운 바위에 기대어 뜯어야 해서 많은 양을 뜰 수 없다. 그 맛을 아는 출향 인사나 맛을 본 사람들이 간간이 주문을 하니, 번거롭지만 채취해 가공하고 있다. 국제슬로푸드협회는 울릉도 긴잎돌김을 '맛의 방주'로 지정해 보전 방안을 모색하고 있다.

東海

△ 긴잎돌김으로 끓인 김국
▽ 울릉도 돌김 채취

산채밥상

구황식품이었던 울릉도의 산채들,
풍성한 밥상의 주연들

東海

+
경상북도 울릉군 | 배편 운항 | 나리분지 산채밥상 | 울릉산마늘*, 명이나물

성인봉에 오르면서 비를 맞지 않으면 인간이 아니라던가. 일 년 중 300일은 안개에 묻혀 있으니 하는 말이다. 지난해 성인봉으로 가는 초입에 굵은 빗줄기를 만났다. 다행히 도동에서 출발해 팔각정에 이르니 빗줄기가 가늘어지고 중턱쯤 올랐을 때는 그쳤다. 그리고 선물처럼 성인봉에서 멋진 구름을 만났다. 나리분지로 내려가는 길은 급경사다. 나무 계단을 만들어놓지 않았으면 접근도 힘들었을 원시림이다. 마음은 벌써 나리분지 식당에서 산채밥상을 앞에 두고 호박막걸리 한잔하고 있었다.

울릉도 섬살이는 바다보다 산에 많이 의지했다. 성인봉은 울릉도 최고봉으로 주변에 300여 종 식물이 분포하며 울릉도 특산종만 40여 종에 이른다. 성인봉으로 오르는 산길에서 고비, 민들레, 섬말나리, 둥굴레, 울릉엉겅퀴를 만났다. 이들만이 아니다. 산마늘(명이), 전호, 부지깽이 나물은 특산물로 널리 알려져 있고, 그 외에도 섬바디, 눈개승마, 땅두릅, 어성초, 두메부추, 서덜취, 울릉국화, 천궁 등 끝이 없다. 이 중 미역취와 부지깽이를 먼저 재배했고, 천궁, 눈개승마(삼나물), 산마늘도 산비탈을 일궈 심었다. 이 산채들은 대부분 구황식품이었다. 쌀이 귀한 섬에서 명이밥, 감자밥, 무밥, 옥수수밥, 옥수수죽 등으로 부족한 곡물을 대신했다.

특히 '명이나물'은 춘궁기에 목숨을 이어준다고 해서 붙은 이름이다. 지금은 울릉도만이 아니라 서울 유명 식당에서도 계약재배를 해서 가져가고 있다. 이렇게 산마늘 소비가 늘면서 주민들 중에는 비싼 값을 받을 수 있는 자연산 산마늘을 채취하려고 사람 발길이 닿지 않는 깊은 골로 들어가는 사람들이 있다. 안타깝게도 이렇게 산마늘을 채취하다 일 년에 한두 사람이 사고로 목숨을 잃는다고 한다.

성인봉은 산채만이 아니라 땔감도 내주고, 식수를 제공하는 저수지 역할도 훌륭하게 해냈다. 나리분지에 이 산채로만 밥상을 차리는 식당이 있다. 성인봉에 오른 길에는 섬피나무, 너도밤나무, 섬고로쇠나무 등이 군락을 이루어 봄여름에는 초록이 싱그럽고, 가을에는 단풍이 아름답다.

손꽁치

손으로 잡은 신선한 꽁치로 만든 물회,
젓갈, 된장국, 경단

東海

+

경상북도 울릉군 | 배편 운항 | 4월~5월 제철 | 꽁치*

강이나 시냇가의 돌 밑이나 물풀 사이를 손으로 더듬어서 물고기 잡는 것을 '더듬질'이라 한다. 울릉도에는 배를 타고 깊은 바다로 나가 더듬질로 꽁치를 잡는 독특한 전통어법이 있었다. 재미삼아 했던 것이 아니라 울릉도 사람들의 생업이었다.

4~5월이면 꽁치는 산란하려고 어김없이 포항 영일만을 지나 울릉도로 올라온다. 이곳은 모자반, 미역 등 해조류가 무성해 꽁치들이 알을 낳기 좋은 장소다. 꽁치가 올라오면 울릉도 사람들은 새끼줄에 끼운 모자반을 가지고 떼배(뗏목처럼 통나무를 엮어 만든 배)를 타고 바다로 나갔다. 꽁치가 자주 나타나는 지점에 배를 멈추고는 모자반을 띄워놓고 두 손을 모자반 사이에 넣고 기다렸다. 잠시 후 꽁치들이 들어오면 잽싸게 꽁치를 잡아 배 위로 올리는 것이다. 꽁치는 해조류에 몸을 부비면서 산란하는 특성이 있다. 이렇게 잡은 꽁치를 '울릉손꽁치'라 한다. 얼마나 꽁치가 많았으면 이렇게 잡을 수 있었을까. 대한뉴스 1338호(1981. 6. 26. 방영) 영상을 보면 잇달아 손으로 꽁치를 잡아 올리는 것을 볼 수 있다. 포항 구룡포 일대에

서도 손으로 꽁치를 잡았다.

이렇게 잡은 신선한 꽁치로 '꽁치물회'와 '꽁치식해'를 만들었다. 염장한 꽁치젓갈은 김장할 때나 조미용으로 사용했다. 울릉도 가정집에는 지금도 꽁치젓갈을 담그는 가정집이 있으며, 꽁치물회를 파는 식당도 몇 집 있다. 꽁치물회는 상하기 쉽고 비린내가 강해 산지가 아니면 맛보기 힘들었다. 지금은 보관시설이 잘되어 막 잡은 꽁치를 급속냉동하여 꽁치물회를 내놓은 전문식당들도 있다. 이 물회는 울릉도 뱃사람들이 손쉽게 식사를 해결하려는 방법에서 시작되었다고 한다. 꽁치를 다져서 시래기된장국에 넣는 '꽁치당고국'을 끓이기도 하고, 경단을 만들어 떡국에 넣기도 했다. 꽁치는 울릉도 사람들에게 꼭 필요한 단백질 공급원이었다.

울릉손꽁치는 '맛의 방주'에 등재되었다. 더 나아가 '국가중요어업유산'으로 등재되기를 기대한다.

+
바다
식목일

지금 울릉도는 마을어장의 바다농사를 갈무리하는 철이다. 저동에서 관음도를 지나 삼선암으로 가는 바닷길에 노란색으로 칠한 어선이 눈에 띈다. 외지에서 들어와 마을어장을 탐하는 잠수기 어선과 구별하기 위한 표식이다. 마을공동어장에서 자연산 홍해삼, 전복, 소라를 채취하는 배들이다. 이들 해산물은 해조류를 먹고 자란다. 동해를 대표하던 명태가 떠난 자리를 지키는 청어와 꽁치 등 많은 바닷물고기도 해조류가 많은 곳을 찾아 산란한다. 이런 곳을 '바다숲' 혹은 '해중림'이라고 한다.

바다숲은 해조류와 해초류 군락 및 그 안의 동물을 포함한 군집을 가리킨다. 해조류로는 감태, 모자반, 다시마, 청각, 김, 미역, 우뭇가사리, 파래 등이 있고, 해초류로 '잘피'라 부르는 거머리말류가 대표적이다. 바다숲은 생물의 다양성 유지와 먹이 공급에서 중요한 역할을 할 뿐만 아니라, 어린 물고기의 은신처, 산란 장소 등으로 바다생물의 서식환경이 되어준다. 또한, 수질 정화, 바다 저질底

質 안정화 등 해양환경을 유지하는 기능도 하고 있다. 그뿐만 아니다. 인간에게 유용한 식품을 내주고, 생태 체험, 해양레저관광을 할 수 있는 친수공간도 제공해준다.

국가는 2012년 여수엑스포를 기념해 5월 10일을 '바다식목일'로 정했다. "바다 생태계의 중요성과 황폐화의 심각성을 국민에게 알리고, 범국민적인 관심 속에서 바다숲이 조성될 수 있도록 하기" 위해서다. 구체적으로 바다식목은 수심 10미터 내외의 바다의 암초나 갯벌에 해조류나 해초류를 이식해 숲을 조성하는 것이다. 이곳에는 뭍과 섬으로부터 영양물질이 많이 유입되고, 햇볕이 잘 들고, 광합성작용이 활발해 식물플랑크톤, 해조류, 해초류, 부착생물 등이 많다. 해양 생태계 중 기초생산자가 많아 먹이사슬의 기반이 되는 중요한 공간이다. 우리 밥상에 오르는 대부분의 수산물은 이곳에서 얻어진다. '마을어업'이라는 이름으로 어촌의 정체성을 지키며, 어민들의 소득원이 되는 곳이다. 벌거벗은 산을 숲으로 가꾸기 위해 온 국민이 삽과 호미를 들고 나무를 심었던 때를 생각해보자. 이제 바다가 사막으로 변하는 것을 막기 위한 노력에 더 많은 관심이 필요하다.

제주도

濟州

각재깃국

간단한 조리법에
신선한 재료면 된다

濟州

+
제주특별자치도 | 여름 제철 | 전갱이*, 각재기, 매가리

고등어가 우리의 국민생선이라면, 일본의 국민생선은 전갱이다. 일본 북규슈 바닷가로 가는 길에 한 미치노에키(道の駅)(도로 휴게소)를 들렀을 때 일이다. 휴게소 문이 열리자, 줄을 서 있던 주민들이 들어와 가장 먼저 찾는 생선이 전갱이였던 걸 보고 놀랐던 기억이 있다. 한 마리씩 포장되어 있는 전갱이에는 횟감용(刺身用)이라는 표기가 제일 크게 붙어 있었고, 작은 글씨로 아지(鯵)라는 이름과 생산지, 어업조합 명칭, 맛있게 먹을 수 있는 기간(賞味期限) 등이 표기되어 있었다.

그 전갱이를 우리나라에서 회로 처음 먹었던 곳은 남해군 지족마을이다. 멸치를 잡는 죽방렴에 갈치와 함께 들어온 것이다. 안주인이 '매가리회'라며 권했다. 고등어회보다 기름진 맛은 덜하지만 담백함이 마음에 들었다. 연안에서 생활낚시로 전갱이를 잡기도 한다. 강원도 고성 거진어판장에서 늦가을에 펄떡이는 전갱이를 보기도 했다. 따뜻한 곳으로 내려가는 전갱이가 고등어를 잡으려 설치해놓은 정치망 그물에 걸린 듯했다. 전갱이는 따뜻한 물을 좋아해 대만난류를 따라 올라와 제주를 비롯한 남쪽 바다에 알을 낳는다. 멸치나 작은 새우를 좋아해 멸치 잡는 그물에 함께 잡히기도 한다. 어린 전갱이는 농어, 방어, 부시리, 잿방어 등의 먹이가 되기도 한다. 《우해이어보》를 보면, 여성들이 '매갈'로 젓갈을 담아 배로 가지고 다니며 팔았다고 했다. 전갱이젓이다. 전갱이는 떼를 지어 이동하기에 고등어처럼 그물에 대량으로 잡힌다. 지금처럼 보관시설이 좋지 않아 젓갈이 최선의 가공식품이었다.

제주도에서는 전갱이를 '각재기'라 부른다. 전갱이는 조림이나 구이로 많이 이용하고, 산지에서 회로 먹기도 한다. 제주도에서는 국을 끓여 먹는다. 비린내가 나지 않아야 하니 신선도가 매우 중요하다. 산란철에 제주 바다를 찾는 전갱이가 많아 가능했다. 끓는 물에 손질한 각재기를 넣고 끓이다 배추를 넣고 더 끓인다. 마지막으로 강된장을 넣고 간을 맞춘다. 제주 음식이 으레 그렇듯이 조리법은 간단하며 재료는 신선하다. 살이 오른 제철에 잡아 냉동보관을 해서 사철 각재깃국을 내놓는 곳도 있다. 서귀포에서는 칼칼하게 각재기조림을 만들기도 한다. 전갱이를 양식어업의 사료로 이용했다는 것이 믿기지 않는 맛이다.

객주리콩조림

입맛 떨어지는 여름
짭짤한 것이 당길 때면 꼭 한 번

'객주리'라는 생선을 아시는지. 쥐칫과에 속하는 바닷물고기를 이르는 제주말이다. 우리 바다에는 쥐칫과 물고기로 쥐치, 말쥐치, 객주리, 날개쥐치, 그물코쥐치 등이 있다. 이 중 쥐치와 말쥐치가 식재료로 많이 쓰인다. 제주에서는 말쥐치를 '객주리'라 부르는데, 실제로는 진짜 객주리라는 이름을 가진 쥐치가 있다. 이를 '월남객주리'라 구분하기도 한다. 말쥐치는 쥐치보다 크고, 진짜 객주리는 말쥐치보다 더 크다. 그래서 쥐포를 만들 때 말쥐치와 객주리를 많이 사용한다.

나이가 지긋한 제주 삼촌들은 객주리를 포함해 붉

바리, 부시리, 벤자리 등 '리'로 끝나는 생선은 여름에 맛이 있다고 한다. 쥐치가 작은 지느러미로 헤엄을 치고, 툭 튀어나온 작은 입으로 먹이를 탐하는 것을 보면 영락없이 복어를 닮았다. 실제 복어목 쥐칫과에 속해 복어와 사촌지간이다. 입은 작지만 강한 이빨을 가지고 있어 조개류와 갑각류를 먹고, 해조류도 즐겨 섭취한다. 심지어 가시가 있는 성게와 불청객 해파리도 좋아하는 잡식성 어류다.

여름을 보내며 입맛이 떨어지고 짭짤한 것이 당긴다면 객주리 음식을 권한다. 제주에는 객주리로 회, 조림, 된장전골, 탕 등을 내놓는 객주리 전문집이 있다. 제주 연동 객주리 전문식당에서 조림을 주문하고 '한라산' 소주도 부탁했다. 한참 후 조림이 나왔다. 감자를 깔고 양념을 듬뿍 얹는 것이 전라도 조림과 비슷하다. 그런데 딱딱한 콩과 통마늘이 들어 있다. 콩은 육지에서 볼 수 있는 장콩이 아니라 제주산 '좀콩'이다. 먼저 콩부터 꺼내 먹어보니 볶아서 넣었다. '좀콩'은 껍질이 얇아 살짝 볶아야 한다. 제주 사람들이 객주리콩조림을 먹기 시작한 것은 오래된 일이 아니다. 본래는 '돌우럭콩조림'을 즐겨 먹었다. 머리가 크고 살이 적은 돌우럭을 반찬으로 먹어야 하니 늘려 먹으려고 콩을 넣었다. 그런데 1980년대에 돌우

濟州

럭 어획량이 줄어들면서 그 자리를 객주리가 차지했다. 제주에서는 객주리를 잡는 방법도 독특하다. 통영, 거제, 고성에서는 통발에 홍합을 미끼로 넣어 잡지만, 제주에서는 '들망'이라는 어구를 이용한다. 새우를 가득 담은 주머니를 들망 가운데 넣고는 물속에 넣어 쥐치가 오기를 기다렸다 들어 올린다.

객주리콩조림

고사리육개장

왕에게 진상했던,
산에서 나는 쇠고기

濟州

+
제주특별자치도 | 봄 제철 | 흑고사리, 백고사리

제주에서는 제물로 옥돔, 흑돼지와 함께 반드시 고사리를 준비한다. 고사리는 순이 연할 때 꺾어서 말려야 하기 때문에 봄철을 넘기면 구할 수 없다. 해안마을이 마을어장을 가지고 있듯이, 중산간마을은 마을 고사리밭을 가지고 있다. 매년 4월 중순에서 5월 중순까지 한 달간 부녀회를 중심으로 고사리 울력을 한다. 이렇게 채취한 고사리는 삶아서 말린 후 판매해 부녀회 기금을 마련한다. 이 무렵 제주 오일장에서는 알록달록 큼지막한 주머니가 달린 '고사리 앞치마'가 인기다. 또한, 이즈음 오는 비를 '고사리장마'라고도 한다. 고사리는 꺾고 돌아서면 또 자란다고 할 정도로 번식력이 좋다. 제철에 아홉 차례나 꺾을 수 있을 만큼 잘 자라서, 조상님에게 고사리 음식을 올려 후손의 번성을 기원한다. 제주에서는 고사리전을 '보따리'라 부른다. 조상들이 음식을 고사리전에 싸서 가져간다고 믿는 것이다.

제주 고사리는 숲에서 자라는 흑고사리(먹고사리)와 볕이 잘 드는 곳에서 자라는 백고사리(볕고사리에서 비롯된 말)로 구분한다. 흑고사리는 굵고 길며 진한 갈색인 반면,

백고사리는 가늘고 옅은 연두색이다. 왕에게 진상을 했다는 궐채蕨菜가 제주 흑고사리다. 이 고사리를 두고 제주 사람들은 산에서 나는 쇠고기라 했다. 말린 흑고사리는 쇠고기보다 비싸다.

이렇게 귀한 고사리만 오롯이 사용해 제주 음식인 고사리육개장을 만드는 식당이 있다. 봄철에 채취해 말린 제주 고사리와 제주 흑돼지, 제주 땅에서 재배한 메밀을 이용한다. 고사리와 흑돼지는 각각 뭉개지도록 삶아 으깨고 찧은 후 육수를 부어 다시 끓이면서 메밀가루를 넣는다. 봄부터 품을 팔아야 차려낼 수 있는 귀한 고사리육개장이다. 여기에 제주 잔치 음식인 '괴기반'(돼지고기 세 점, 두부 한 점, 수애(순대) 한 점)을 더한 고사리육개장정식도 있다. 이렇게 제주 식재료만 가지고 제주 음식문화를 이어가고 있는 '낭푼밥상'은 2021년 '월드 베스트 레스토랑 50'의 아시아 버전인 '아시아 베스트 레스토랑 50' 중 한 곳으로 뽑히기도 했다. 궁궐에 보내고, 제사상에 올리던 제주 고사리가 여름 보양식은 물론 여행객을 위한 음식으로 변했다. 맛도 좋고 몸에도 좋다지만, 제주 고사리를 탐내는 '고사리관광'만큼은 지양해야 할 듯하다.

△ 제주 흑고사리와 백고사리
▽ 고사리육개장

멜국

상처 없이 싱싱한 멸치로 끓여
복국을 능가하는 시원한 국

濟州
~~~~

+
제주특별자치도 | 5월 제철, 급속냉동으로 사시사철 이용 | 멸치*, 멜

멜국은 제주바다에서 막 건져 온 멸치에 봄에는 봄동을, 여름과 가을에는 배추를 넣고 끓인다. 이 멜은 모슬포바다에서 잡은 큰 멸치다. 걱정했던 것과 달리 비린내도 없고, 시원하기는 복국을 능가한다. 5월에 잡아서 급속냉동을 해 사시사철 이용한다. 멸치로 만든 음식으로 회와 구이와 조림은 익숙하지만 멜국은 생소하다.

비린내 없이 조리하려면 재료로 사용하는 멸치가 싱싱하고 상처가 없어야 한다. 그 비밀은 제주 멸치잡이의 특성에서 엿볼 수 있다. 멸치는 빛을 좋아하고 바다 표층에서 생활해 집어등을 밝혀 챗대에 매단 그물로 유인해 잡는다. 그물에 꽂힌 멸치를 털어서 잡는 것과 달리 그물로 떠서 잡으므로 상처도 없고, 그날그날 잡아 파는 당일바리라 싱싱하다. 이렇게 유인하는 불빛에 홀려 모여든 멸치 떼를 '멜꽃'이라 한다. 멸치챗배에서 중요한 역할을 하는 사람이 불잡이다. 그래서 "불잡이가 오백 냥을 결정한다."라고 했다. 추자도나 가거도에서도 챗배를 이용해 멸치를 잡았다.

제주에서 가장 오래된 멸치잡이 어법은 원담에 들어온 멸치를 족바지(뜰채)로 떠서 잡는 것이었다. 원담은 육지에서 '독살'이라 부르는 전통어구이자 어법이다. 독살은 조차가 큰 서해안이나 남해안 조간대에 돌담을 쌓고 들어온 멸치, 숭어 등 물고기를 잡는 어구·어법을 가리킨다. 제주도 애월읍 금능리에서는 최근까지 원담을 이용해 멜을 잡았다. 원담을 지키는 원담지기가 "멜 들업서. 하영 들업서(멸치 들었다, 많이 들었다)."라고 소리치면 주민들이 모두 족바지를 가지고 나와 멜을 잡았다. 어떻게 알았는지 서귀포 상인들도 금능리 원담 멸치를 구입하려고 줄을 섰다.

이렇게 원담에 멜이 드는 날이면 집집마다 멜국을 끓였다. 원담이 없는 마을은 공동으로 그물을 사서 멜을 잡았고, 중산간마을 사람들은 상인들이 가져온 멜을 구해 멜젓을 담기도 했다. 멜이 많이 잡히면 밭에 뿌려 거름으로 사용했다. 먼바다에서 큰 그물로 멜을 잡기 시작하면서 원담에 드는 멸치도 줄어들었다. 금능리 원담에서는 여름철이면 멸치잡이 대신 여행객을 위한 원담 축제가 열리고 있다.

濟州

몸국

제주에서 특별한 돼지와
모자반, 메밀로 끓인,
특별한 날 먹는 음식

제주도에서는 모자반을 '몸'이라고 부른
다. 대구에서는 '마재기', 목포나 진도에서 '몰'이라 한
다. 우리나라에 서식하는 모자반은 20여 종에 이르지만
'참모자반'만 먹고 있다. 제주 참모자반은 미역, 톳, 우뭇
가사리와 함께 제주 잠녀들의 소득원이자 토속 음식 재
료였다. 줌녀(잠녀)는 '물질하는 여자'를 가리키는 제주
어다. 해녀보다 정체성이 돋보이는 말이다. 또한, 갈조류
인 모자반은 바다숲을 이루는 해조류 중 하나다.

돼지고기를 삶은 육수에 모자반을 넣어 끓인 국이

+
제주특별자치도 | 사시사철 | 모자반*, 몸, 마재기, 몰

제주 음식 '몸국'이다. 돼지는 제주에서 특별한 가축이다. 척박한 화산토에 농사를 지을 수 있도록 거름을 만들어주는 것이 돼지였다. 기쁜 일이나 슬픈 일, 명절이나 대소사 때 손님맞이를 하는 것도 돼지다. 특별한 날 아니면 돼지고기를 맛볼 수 없었다. 이렇게 추렴해서 잡은 돼지로 돔베고기, 뒷괴기적, 괴기반, 수애 등 전통음식을 만들었다. 몸국은 이 과정을 거친 후 남은 육수를 이용한다.

먼저 내장 등 부산물을 제외한 돼지의 모든 부위를 삶은 뒤 그 물에 내장과 순대마저 삶아내고 다시 펄펄 끓으면 모자반을 넣었다. 요즘 제주 식당에서 파는 몸국은 맑지만 옛날 몸국은 메밀가루를 넣어 걸쭉했다. 몸국만으로도 끼니를 해결하는 데 부족함이 없었다. 요즘 제주 우도에서는 몸국을 끓이기 전에 먼저 돼지뼈를 찬물에 담가 핏물을 뺀다. 그리고 마른 모자반을 물에 불려놓는다. 뼈에서 핏물이 제거되면 뼈를 푹 삶는다. 그렇게 대여섯 시간은 삶아야 한다. 그러고는 뼈에 붙어 있는 살을 뜯어낸다. 육수가 충분히 끓으면 모자반, 마늘, 생강 그리고 순대 등을 넣는다. 다시 끓어오르면 메밀가루를 넣고 골고루 저어준다. 마지막으로 소금으로 간을 맞춘다. 지난해 우도 마을신문(계간)《달그리안》겨울호에 소개된 몸국 조리법이다.

濟州

이제 제주 몸국은 식당에서 여행객들에게 내주는 음식으로 자리를 잡았다. 그래서 제주바다에서 나는 모자반으로는 부족하다. 예전처럼 많이 자라지도 않는다. 육지에서 양식한 모자반이 바다를 건너오고 있다. 모자반은 몸국만이 아니라 통영 물메기탕이나 거제 대구탕에도 고명처럼 올렸다.

메밀가루를 풀어 걸쭉한 몸국

빙떡

척박한 땅에서 자라 든든하게
속을 채워주는 메밀로 만든 떡

濟州

빙떡은 메밀가루로 만든 제주 음식이다. 빙떡 외에도 제주에서는 메밀저배기('저배기'는 수제비의 제주말), 해녀의 허기를 달래주던 몸국, 고사리육개장, 꿩메밀칼국수, 돌래떡 등에도 메밀가루를 사용한다. 요즘에는 메밀국수, 메밀빵, 메밀차, 메밀쿠키 등으로 진화했다.

메밀은 거칠고 건조한 땅에서도 잘 자라는 식물로 일찍부터 제주에서는 식량 작물로 재배했다. 제주 신화에 따르면, 곡물 여신 '자청비'가 오곡 씨앗을 다 가져왔는데 깜박 잊고 메밀을 가져오지 않아 다시 하늘로 올라가서 가져온 탓에 파종 시기가 늦었지만 수확은 다른 곡물과 같이할 수 있도록 했다고 한다. 실제로 생육 기간이 짧아 이모작도 할 수 있다.

요즘은 메밀로 만든 옛날 제주 음식을 찾기 어렵지만, 빙떡만은 오일장 어디서나 한두 집에서 볼 수 있다. 대정오일장 구석에서 빙떡을 만드는 할망을 만났다. 먼저 번철에 기름을 두르고 무른 메밀 반죽을 얇게 펼쳐 전병을 부친다. 준비해둔 무나물을 그 위에 소로 올리고 돌

돌 마니 끝이다. 간단하다. 빙빙 돌려서 만든다고 해서, 무나물이 빨리 상하기에 겨울에 먹었다고 해서 '빙떡'이라 했단다. 멍석처럼 말아서 만든다고 해서 '멍석떡'이라고도 했다. 전병에 넣는 소는 무를 채 썰어 삶고, 다진 마늘, 다진 파, 깨소금, 참기름, 소금 등을 넣어 만든다. 제주 무의 달짝지근하면서 담백하고 부드러운 식감을 느낄 수 있도록 전병은 얇고 심심하게 만들어야 한다.

심심한 맛 때문에 간장에 찍어 먹거나 옥돔구이와 함께 먹기도 했다. 옛날에는 팥이나 콩나물을 넣기도 했다. 보통 보리밥은 반찬으로 자리젓이라도 놓고 먹어야 했지만, 빙떡은 그 자체로 끼니가 해결되었다. 빙떡 할망에게 2,000원을 주고 세 개를 사서 점심을 대신했다. 부족함이 없었다. 맛있게 먹는 모습이 할망에게는 애잔해 보였는지 "제주 무는 달아가지고, 설탕 넣은 것 같아요."라면서 하나 더 먹으라고 건네주었다. 빙떡은 본향당(마을제사)부터 집안제사까지, 결혼식부터 생일까지 제주 사람들이 모이는 곳에서는 빠지지 않았다. 척박한 땅에 자란 메밀로 단순하게 만들지만 꼭 제주를, 아니 제주 사람을 닮았다.

우미냉국

우뭇가사리를 씻고 말리고 삶고 거르고 식혀
고되게 만든 음식을, 호로록 금세 먹었다

濟州

+
제주특별자치도 | 여름 제철 | 우뭇가사리*, 우미

우미냉국이 그리운 계절이다. 지난 4월 바닷가로 밀려온 우미를 줍고 5월 물질로 우미를 채취해, 말리고 삶고 걸러 만든 우무를 넣은 냉국이다. 우뭇가사리를 '우미'라고 하는 제주에서는 미역과 우뭇가사리가 많은 곳을 '메역바당' '우미바당'이라 해서 특별관리했다. 심지어 파도에 갯바위에서 떨어져 해안으로 밀려온 우미도 입찰해서 판매했다. 우미는 해녀들 호주머니를 두둑하게 하기도 했지만, 제주 어머님들이 입맛 떨어진 가족을 위해 밥상에 올리는 여름철 단골음식이기도 했다.

홍조류인 우뭇가사리를 채취해 씻어서 말리고, 다시 막개(빨랫방망이)로 몇 차례 두들겨 씻고 말리기를 반복한다. 그리고 우영팟(텃밭) 옆에 솥을 걸고 푹 삶아 굳힌 후 식히면 투명하고 탱글탱글한 우무가 만들어진다. 이 우무를 채 썰어 콩가루나 미숫가루를 섞거나, 식초와 설탕을 넣고 시원한 물을 부어 마신다. 여기에 기호에 따라 마늘, 고춧가루, 파 등 양념을 더하기도 한다. 먹는 시간은 잠깐이지만 준비하는 과정은 간단치 않다.

일제강점기에는 우뭇가사리를 헐값에 수탈하려는

일제에 저항해 해녀들이 중심이 된 항일운동으로 발전하기도 했다. 《조선일보》(1937. 4. 7.)를 보면, "전남에서 생산한 50만 근, 10만여 원에 달하는 우뭇가사리가 가공공장이 없어 일본으로 이출되었다가 한천을 만들어 수입되고 있다."며 목포에 가공공장이 필요하다고 했다. 1950년대 유럽으로 시장 개척에 나선 통상사절단이 가지고 나간 상품이 한천이었다. 1971년 이후부터 수출 침체로 그동안 외화벌이에 큰 역할을 했던 한천의 관세 문제가 논의될 만큼 비중이 컸다.

품질이 좋은 제주 우뭇가사리는 예나 지금이나 일본으로 수출되고 있다. 몇 년 전, 일본 이즈 반도에서 150여 년이 된 우뭇가사리 가공공장을 방문한 적이 있었다. 이즈 반도는 일본에서 우뭇가사리 명산지로 꼽히는 곳이다. 그곳에서는 우무냉국만이 아니라 팥빙수, 국수, 아이스크림 등 우무를 이용한 다양한 상품을 만들어 팔고 있었다. 이에 비해 우리는 여전히 우미냉국을 벗어나지 못하고 있다. 냉국이 그리운 음식인 것은 분명하지만, 젊은 세대에 다가서지 못하는 것도 현실이다.

△ 말린 우뭇가사리

▽ 우미냉국

자리물회

더위도 겨울 감기도 이겨내는,
서귀포가 자랑하는 맛

물고기에게도 몸값이 있다. 같은 물고기도 어디에서 잡히느냐, 누구의 손에 들어가느냐에 따라 몸값이 달라진다. 홍어는 대청도보다 흑산도에서 잡혀야 하고, 볼락은 여수보다는 통영의 식당에 가야 귀한 대접을 받는다. 그리고 자리(자리돔)는 거제보다는 제주에서 잡혀야 한다.

최근 들어 거제 남쪽 바다에서 자리돔이 곧잘 올라온다. 제주에서처럼 뜨지 않고 낚는다는 점이 다르다. 거제 남쪽 해금강과 통영 가왕도 사이 수심 30미터 내외의 바다에서다. 오전 10시쯤에 용치놀래기가 올라오더니,

+
제주특별자치도 | 여름 제철 | 자리돔*, 자리

한 시간 후 자리돔으로 바뀌었다. 점심 무렵 낚싯대를 접으려 할 때 참돔도 몇 마리가 올라왔다. 오늘 잡은 것 정도면 "자리물회로 부족함이 없죠?"라고 했더니, "볼락이나 한두 마리 더 물지."라며 시큰둥하다. 얼마 전까지만 해도 거제 사람들에게 자리돔은 익숙하지 않는 물고기였다. 이제는 기후변화로 자리돔이 울릉도 근해까지 북상해 횟집에서 팔리고 있다.

여름철은 제주에서 자리물회가 맛이 있을 때다. 서식처를 떠나지 않고 자리를 지키는 탓에 그곳에 그물을 펼쳐두었다가 안으로 들어오면 그물을 올려 잡는다. 그래서 '자리를 뜬다.'고 한다. 이런 바닷속 돌밭을 '자리밧'이라 했다. '밧'은 '밭'의 제주말로, 바다도 밭으로 인식했다. 《한국수산지》(1910)를 보면 제주 연안에 282개의 자리그물이 있었다. 해안 마을은 여름철이면 그 자리그물로 자리를 잡았다. 바다가 없는 중산간 벽지 주민들도 우마를 끌고 나와 기다렸다가 배가 들어오면 자리를 사서 젓갈을 담아 사철 먹었다.

자리물회는 제주 재래된장과 자리 대가리를 다져서 넣어야 맛이 완성된다. 자리조림은 채소를 넣지 않고 간장으로만 조린다. 물회와 구이는 가시가 억세지 않아 '쉬자리'라 한다. 같은 서귀포에 속하지만 보목동 자리는 뼈가 부드러워 자리젓이나 자리물회로 좋고, 가파도나 모슬포 자리는 크고 육질이 탄탄해 좋다. 자리만큼은 모슬포든 보목이든 양보가 없다. 술자리에서 마을자랑에 자리 맛을 앞세웠다가 곧잘 싸움이 일어나기도 했다. 서귀포에서는 "보목리 사람이 모슬포 가서 자리물회 자랑하지 말라."는 말이 있다. 배지근한 자리물회 세 그릇이면 더위를 이겨내는 것은 말할 것도 없고, 겨울 감기도 걱정 없다고 한다. 그런데 기후변화로 갈수록 제주바다에 자리가 귀해지고 있다.

자리물회

조기내장탕

조기탕보다 조기내장탕,
이제 내장탕의 으뜸은 조기내장탕

내장탕이라면 으레 소나 돼지 내장으로 끓인 탕이 떠오른다. 생선으로는 울릉도 오징어내장탕이나 흑산도 홍어애탕을 생각했다. 이제 생각이 바뀌었다. 조기내장탕을 맨 앞에 둔다. 조기라면 탕, 간국, 굴비, 장아찌, 찜, 구이 등 다양한 음식을 먹었다. 하지만 조기탕이 아니라 오롯이 조기 내장만으로 끓인 탕은 생소하다. 신선한 내장이라야 끓일 수 있어 산지에서만 맛볼 수 있으니 기회도 없었고 생각지도 못했다. 조기는 따뜻한 제주 남쪽 바다에 머물며 겨우살이를 하니, 서귀포는 조기 어장과 가장 가까운 곳이다.

+
제주특별자치도 | 겨울 제철 | 조기*

서귀포시 태흥리 '옥돔마을'을 찾았다가 우연하게 밥상머리에서 조기내장탕을 접했다. 옥돔마을이라는 별칭은 주낙을 이용해 옥돔만 전문으로 잡는 마을이라 붙은 것이다. 바람이 불고 파도가 높아 출어가 어려운 날을 제외하고 당일바리로 매일매일 옥돔잡이에 나선다. 겨울에는 옥돔바리 주낙에 조기가 같이 잡힌다. 옥돔 어장에서 조기들이 겨울을 나기 때문이다. 허기를 달래려고 어촌계에서 운영하는 마을식당으로 들어섰다가 '어내장탕'이라는 생소한 메뉴를 보고 주문을 했다. 어내장탕이라니, 어떤 생선일까? 옥돔 내장으로 끓인 탕일까? 허기와 함께 궁금증이 몰려올 즈음, 내장이 듬뿍 담긴 냄비를 내왔다. 끓고 있는 동안 주인에게 물으니, 겨울에만 맛볼 수 있는 조기 내장이라고 한다. 신선하지 않으면 조리할 수도 없고 참맛을 느낄 수도 없단다. 식당 문을 열면 포구에 정박한 배들이 보이고 그 옆이 위판장이다. 신선함으로는 전국에서 으뜸이다.

　　재료만 아니라 손맛도 좋다. 조기가 들으면 서운할지 모르겠지만 조기를 통째로 넣은 탕보다 더 좋다. 내장특유의 쌉쌀함은 물론이고 입안에 달라붙는 진한 국물에 고소함이 더해졌다. 제주시보다 보름은 앞서 매화를 피우는 곳이 서귀포다. 이미 매화는 만개했다. 머지않아 진

濟州

달래가 꽃을 피울 것이다. 예전 같으면 성질 급한 조기는 벌써 흑산바다로 북상했을 것이다. 이제 조기는 연평바다는 물론 칠산바다에서도 만나기 어렵다. 우리 남쪽 바다에서라도 만날 수 있으니 얼마나 다행인가. 늦기 전에 한 번 더 조기내장탕의 진한 맛을 보고 싶다. 오는 봄에 기운을 차리기 위하여.

조기내장탕

선흘마을 가시낭칼국수

효자나무 가시낭도
곶자왈 동백동산이 있어 가능하다

濟州

+
제주특별자치도 제주시 조천읍 | 11월 수확기 | 습지보호지역, 람사르 습지
종가시나무*, 가시낭

선흘마을 삼촌들은 11월이면 동백동산에서 종가시나무 열매를 주워 식량으로 삼았다. 제주말로 '가시낭'이라 하는데, 참나뭇과에 속하는 상록수다. 열매는 도토리보다 작지만 더 동그랗고 알이 튼실하다. 열매를 줍고 있는 사이에 "똑, 또독, 똑" 쉼 없이 떨어졌다. 동백동산은 용암이 분출해 형성된 돌밭에 형성된 숲으로 곶자왈이다. 상수도가 공급되기 전에는 식수를, 도시가스가 공급되기 전에는 난방용 땔감을 내주었다. 집을 짓거나 농기구나 어구를 만드는 나무도 동백동산에서 얻었다. 요즘에는 곶자왈을 개발해 골프장과 관광단지를 조성하기도 한다. 최근에는 사파리를 계획하기도 했다. 늘 개발 위협을 받고 있지만 국내는 물론 세계적으로도 생물다양성이 인정되어 환경부 습지보호지역과 람사르 습지로 등재되었다. 또한, 세계지질공원 명소와 생태관광 지역 등으로 지정되기도 했다. 더 놀라운 것은 이 모든 과정에 주민이 참여하고, 보전과 관리의 위탁도 주민들이 직접 한다는 점이다. 가시낭칼국수도 그 과정에서 탄생했다.

가시낭칼국수를 만들려면 주운 열매를 솥에 삶아 사나흘 말려야 한다. 그래야 오래두어도 벌레가 꼬이지 않는다. 껍질을 벗긴 후 물에 불려 떫은맛을 제거한다. 그리고 맷돌에 갈아 몇 조각으로 쪼개서 또 물에 불린다. 이를 '가시낭쌀'이라 부른다. 이 쌀은 잡곡과 함께 밥을 짓기도 하고 가루로 만들어 묵을 만들기도 한다. 먹을 것이 없던 시절에 수제비나 칼국수는 일상으로 해 먹었다.

동백동산습지센터 안 식당에서 가시낭칼국수를 만들어보고 먹는 체험을 신청했다. 칼국수를 만들기 전에 주민의 안내를 받아 동백동산 숲길을 걷고 람사르 습지 '먼물깍'도 살펴볼 수 있다. 운이 좋으면 그 길에 귀한 팔색조도 만날 수 있다. 점심은 주민들이 직접 만든 가시낭칼국수로 해결한다. 마을 주민들은 매년 모여서 원탁회의로 동백동산과 마을을 지키기 위한 생각을 나눈다. 칼국수 수익금을 모아 주민을 위한 요양병원을 마을에 짓기로 했다. 부모님을 가까운 곳에 모시고 누구나 돌보기 위해서다. 가을에는 가시낭가루를 만들고, 봄에는 고사리를 꺾어 마을마켓에서 판매한다. 보릿고개를 견딜 수 있게 해주었던 가시낭이 이제 효자나무로 바뀔 날도 멀지 않았다. 곶자왈 동백동산이 있어서 가능한 일이다.

△ 가시낭칼국수 반대기(반죽)와 고명
▽ 가시낭칼국수 밥상

구좌 돗죽

신들에게 올리고 마을 주민이
함께 나누던 음식

제주의 여름은 해녀의 계절이다. 여름에 소라 채취는 금지되지만, 대신 '구살'이라 부르는 성게는 제철을 맞는다. 불턱(해녀들의 탈의실 및 휴식 공간) 너머 푸른 바다에 해녀의 테왁들이 연꽃처럼 활짝 피었다. 테왁은 제주 방언으로 해녀가 물질을 할 때, 가슴에 받쳐 몸이 뜨게 하는 공 모양의 기구를 가리킨다. 김녕리, 월정리, 행원리, 평대리, 세화리 등 구좌읍 해안에서 쉽게 볼 수 있는 모습이다. 구좌읍에는 해녀 수도 많고 활동도 활발하다. 일제강점기 해녀항일운동의 중심지였으며, 해녀의 일상생활과 제주 문화를 엿볼 수 있는 해녀박물관도 있다.

+
제주특별자치도 제주시 구좌읍 | 모자반*, 마재기, 몰

구좌에서는 예로부터 흑돼지를 제물로 잡아 풍어와 안녕을 기원하는 돗제를 지냈다. 돗제는 돼지를 뜻하는 제주어 '돗(豚)'과 '제사'가 합쳐진 말이다. 제주에서 흑돼지는 특별한 가축이다. 인간 대소사에서만이 아니라 신에게 제물로도 올렸다. 이 지역 마을신의 내력을 풀어 내는 '본풀이' 구술 기록을 보면, 신들이 돼지고기를 요구하기도 하고 인간은 임신을 한 뒤 영양보충으로 돼지고기를 찾기도 한다. 돗죽은 흑돼지를 삶은 후 쌀과 모자반을 넣고 끓여 신에게 올리고 주민들과 나누어 먹었던 음식으로 '몸죽'이라고도 한다. 돗죽을 끓일 때 넣는 모자반은 돼지고기와 천생연분이다. 미역과 톳은 팔아서 돈을 만들지만 모자반은 밭에 거름으로 쓰고, 참몸은 메밀가루를 넣어 몸국을 끓여 허기진 배를 채웠다.

옛날에는 '몸돈'(모자반을 채취할 권리를 얻기 위해 미리 내놓은 돈)을 내놓고 해안으로 몰려온 모자반을 줍고, 공동으로 채취한 모자반을 똑같이 '몸무덤'을 만들어 나누기도 했다. 흑돼지는 농사에 필요한 거름을 만들고, 음식물이나 변을 처리하는 역할을 했다. 제주의 생태환경 측면에서는 꼭 필요한 가축이었다. 하지만 미신타파를 내건 새마을운동을 추진하면서 돗제를 미신이라 배척했고, 흑돼지를 키우던 돗통시도 위생을 문제 삼아 사라져갔다. 돗죽의 맛도 기억도 잊혔다.

　다행스럽게 평대마을에는 돗죽을 복원한 식당이 있
다. 식당 주인 김 씨는 아버지의 도움을 받아, 돗제를 지
내던 제당도 복원했다. 돗제를 지내면 마을 주민이 모두
모여 음식을 나누었다. 부조는 못 해도 음식은 먹어주는
것이 제주 전통이었다. 돼지 한 마리로 많은 사람이 배불
리 먹기는 어려웠지만 돗죽은 제주 품앗이 '수눌음'으로
공평하게 먹을 수 있는 공동체 음식이었다. 어린 시절 기
억과 아련한 입맛에 의지해 수많은 시행착오를 거쳐, 구
전으로만 전하던 것을 복원했다. 김 씨는 돼지고기 열두
부위와 숙성한 모자반을 이용해 돗죽을 만든다. 그래서
재료가 떨어지면 문을 닫는다.

△ 서귀포 오일장에서 만난 모자반
▽ 평대리 식당에서 맛본 돗죽

우도 성게미역국

부드럽고 고소한 한 그릇 끝에
해녀의 삶을 떠올려본다

濟州

+
제주특별자치도 제주시 우도면 연평리 | 여름 제철 | 보라성게*, 율구합

그 길을 걷다보면, 해안을 따라 자전거를 타고 오는 멋진 남자를, 아니면 '바당'에서 물질을 하는 건강한 젊은 해녀를 만날 것 같다. 영화 〈인어공주〉의 배경이 된 제주 우도 연평리포구다. 하지만 현실의 주인공은 비치파라솔 아래서 묵언수행 하듯 성게알을 까는 해녀들과 왁자지껄 사진을 찍느라 정신이 없는 여행객이다.

해녀들은 여름철 물질로 '보라성게'를 채취한다. 보라성게는 가시가 길고 검보라색을 띠고 있다. 가을에 채취하는 말똥성게와 구별된다.《자산어보》는 보라성게를 '율구합', 말똥성게는 '승률구'라 했다. '밤송이'와 '스님 머리'가 떠오른다. 보라성게는 말똥성게에 비해 달콤한 맛이 강하다.

어머님들이 바닷가에 앉아 칼로 가시를 헤치고 성게를 자르고 찻숟갈로 노란 알을 조심스럽게 꺼낸다. 여기서 끝이 아니다. 이물질을 하나씩 꺼내고 바닷물에 씻는 것을 반복해야 한다. 물질을 하는 시간보다 성게알을 꺼내는 시간이 더 길다. 물에 나오자마자 성게알을 까야 하니 앉아서 점심 먹을 시간도 없다. 한 해녀는 보리빵을 한

입 베어 먹고 반 시간째 그대로다. 먹는 것도 잊었다. 햇볕은 문제가 아니다. 어깨와 허리는 얼마나 아플까. 허리벨트(허리 아플 때 쓰는 복대)를 한 해녀를 찾는 것은 어렵지 않다. 물속에서는 납 벨트를, 뭍에서는 허리벨트를 하고 살아야 하는 것이 해녀의 운명이다.

구살(성게)을 넣어 끓인 미역국을 '구살국'이라 한다. 성게알과 미역은 환상의 궁합이다. 성게알은 사실 난소다. 제주 돌미역을 팔팔 끓인 후 불을 끄기 직전에 성게알을 넣는다. 냉동이 아닌 생물 성게알은 미역국에 넣어도 풀어지지 않는다. 작은 알을 헤아릴 수 있을 정도다. 비리지 않고 부드러우며 고소하다. 짭짤한 맛과 쌉쌀한 맛이 교차한다. 고급 술안주에 올라가는 것도 이런 독특한 맛과 향 때문이다. 성게알만 생으로 먹기도 하며, 고급 생선회에 올려 먹기도 한다.

우도 해녀

성게비빔밥

여름 제주바다의 맛,
그리고 해양 생태계를 지키는 성게 물질

濟州

+
제주특별자치도 제주시 우도면 | 여름 제철 | 보라성게*, 율구합

성게알 50그램을 얻으려면 적어도 성게 500그램은 손질해야 한다. 상하기 쉬워 바다에서 나오자마자 쉴 틈도 없이 손질을 시작한다. 어김없이 찾아오는 여름이지만 7월이면 해녀들은 설렌다. 일은 고되고 힘들지만 성게 물질이 생계에 큰 도움을 주기 때문이다. 제주 어부들이 여름을 버티는 힘이 자리돔에서 나온다면, 해녀들에게는 성게다. 가을철에는 '솜'이라 부르는 말똥성게를 채취한다.

제주 해녀들은 알이 꽉 찬 성게를 건지면 미역에 싸서 날로 먹었다. 잔치에 찾아온 손님들에게 내놓던 몸국이나 고사리육개장이 떨어지면 얼른 성게미역국을 끓이기도 했다. 이제 성게미역국만이 아니라 성게젓, 성게초밥, 성게비빔밥을 여행객에게 내놓는다. 특히 여름에 바다에서 막 건져 온 성게알을 채소와 함께 올린 비빔밥은 제주에서 맛볼 수 있는 고마운 음식이다.

여행객들이 서핑을 즐기는 월정리해변이 해녀들의 성게 물질로 부산하다. 봄철에 우뭇가사리를 뜯던 자리다. 우도 해녀들도 물질을 하며 성게를 찾고 있다. 제주

서쪽 귀덕 바당에도 30명이 넘는 해녀들이 성게 물질 중이다.

　해조류를 즐겨 먹는 성게가 많이 번식하면 백화현상을 촉진한다. 그래서 바다에서 성게를 줍는 것은 해녀의 생계만을 위한 일이 아니다. 제주바다를 찾는 어류의 서식처인 바다숲을 지키는 일이기도 하다. 해양 생태계는 균형과 조절이 중요하다. 성게의 적절한 개체 수를 유지하는 것은 바다에게도, 해녀에게도 필요하다. 이를 벗어나면 해녀의 생계는 물론 해양 생태계의 지속도 위협받는다. 해녀가 고령화되고 감소하는 것은 제주 경제와 사회·문화에만 영향을 주는 것이 아니라 해양 생태계와도 관계가 깊다. 제주에서 먹는 성게비빔밥 한 그릇에 이렇게 복잡미묘한 생태계가 담겨 있다.

△ 성게알을 꺼내는 해녀와 가족
▽ 성게비빔밥

제주 문화 ①

고망낚시

작은 돌 틈에서 물고기를 낚는
적정기술이자 삶의 방식

濟州

화산섬 제주는 언어만이 아니라 삶의 방식도 육지와 다르다. 그중 하나가 고망낚시다. 육지의 해안과 달리 제주의 바닷가에는 화산폭발로 흘러내린 용암이 굳은 뒤 파도로 부서지고 깎여 날이 선 검은 돌이 많다. 그물을 끌거나 드리워서 물고기를 잡기 어려운 환경이다. 따라서 '사둘'이라는 둥근 그물을 조심스럽게 가라앉혔다가 들어 올리는 들망 어법이나 고망낚시가 발달했다. 고망낚시는 바닷가 검은 돌 틈에 낚시를 넣어 물고기를 잡는 어법이다. 이 작은 돌 틈을 제주말로 '고망'이라 한다. 다행스럽게 돌 틈에는 보들락(베도라치), 돌우럭, 자리 등이 많았다. 제주에 풍성한 마늘이나 콩을 넣고 조림을 하기 좋은 생선들이다. 고망낚시는 제주의 생태와 환경에 적응한 적정기술이자 삶의 방식이다. 고망낚시의 채비는 간단하다. 어른 키 길이의 대나무에 낚싯줄을 묶고는 찌도 없이 낚싯바늘을 매달아 사용한다. 모양새는 망둑어 잡는 낚시와 비슷하다. 미끼는 갯가에서 잡은 갯지렁이나 새우를 쓴다.

왜구를 막으려고 세웠던 별방진성이 있는 제주 동쪽

하도해안에서 고망낚시를 하는 주민을 만났다. 그런데 특이하게 바닷가 돌 틈에 10여 개의 낚싯대를 끼워 넣고 번갈아가며 낚싯대를 들어 올렸다. 그러면 신기하게 미꾸라지나 작은 붕어처럼 생긴 물고기들이 매달려 올라왔다. 살펴보니, 그냥 들어 올리는 것이 아니다. 돌 틈에 꽂아놓은 낚싯대가 움직이는 것을 살펴서 올렸다. 수심이 더 깊은 곳에서는 낚싯줄을 더 길게 해 돌 틈에 넣고 손끝에 전해오는 느낌으로 끌어 올린다고 한다. 주민에게 무슨 고기냐고 묻자, "보들락 시머리, 어랭이 혼마리 잡았신디."라고 한다. '베도라치 세 마리, 용치놀래기 한 마리 잡았는데', 옛날 같지 않단다. 옛날에는 제주 사람들이 사랑하는 자리나 돌우럭도 고망낚시로 잡았다. 고망낚시가 여의치 않으면 메역(미역)과 우미(우뭇가사리)를 뜯고, 구젱기(소라)나 보말을 잡았다. 운이 좋은 날은 돌 틈에 숨어 있는 문어도 잡아 삶아 먹었다. 도시어부의 짜릿한 대물 추억 못지않게 제주 사람들에게는 고망낚시의 기억이 짙다. 아버지가 만들어준 고망낚시로 처음 잡은 물고기를 어찌 잊을 수 있겠는가.

濟州

낭쉐몰이

소 방목, 품앗이가 만들어낸
제주 공동체 농경문화

　　　　　　지난해 겨울도 그랬지만 올해(2020년) 겨울도 눈 구경하기가 힘들다. 겨울답지 않은 겨울을 걱정하다보니 어느새 설 명절이 지나고 입춘이 코앞이다. 입춘은 새 철로 접어드는 날, 봄의 시작을 알리는 절기다. 입춘이 되면 제주에서는 입춘굿을 한바탕 펼친다. 민족 정기를 말살하려는 일제의 탄압으로 중단되었다가 1999년 '탐라국 입춘굿놀이'로 어렵게 복원해 전승되고 있다. 입춘굿의 피날레는 '낭쉐몰이'다. '낭'은 나무를 '쉐'는 소를 이르는 제주말이다. 그러니까 나무로 만든 소를 모는 놀이이자 의례다. 밭을 갈고 보리 뿌리를 뽑아 농사의 풍흉을 점쳤다. 입춘굿을 '춘경' 또는 '입춘춘경'이라고, 굿놀이를 '춘경친다'고 했다.

제주는 말보다 소가 중심이었다. 3세기 무렵 《삼국지》〈위지동이전〉에서는, 제주도 사람들이 "소와 돼지 키우기를 좋아 한다."고 했다. 제주도에 말이 등장한 것은 1271년 원나라가 제주도에 목장을 두고 군마를 조달하면서부터. 일제강점기에는 한반도 전역의 소 가운데 30퍼센트를 제주에서 길렀을 만큼 많았다. 대부분 밭농사를 위한 일소였다.

제주에서는 거세하지 않은 수소를 '부사리', 거세한 수소는 '중성귀'라 했다. 어떤 밭을 가지고 있느냐에 따라 선호하는 소가 달랐는데, 부사리는 암소나 중성귀에 비해 힘이 세서 거친 밭을 갈았다. 또한, 제주에서는 목초지를 '촐왓'이라 하는데 마을촐왓, 공동촐왓, 개인촐왓이 있었다. 제주 여행을 하는 사람들이 즐겨 찾는 오름을 촐왓으로 쓰는 경우가 많았다. 촐왓의 풀은 거두어놓았다가 겨울에 먹였고, 봄부터 가을까지는 밭을 갈 때를 제외하고 대부분 방목을 했다. 방목할 때는 마을에서 일소를 기르는 사람들끼리 품앗이 수눌음으로 소를 관리하는데 이를 '쉐접'이라 하며, 그 소를 '번쉐'라 했다. 이와 달리 삯을 주고 소 관리를 위탁하는 것을 '삯쉐'라 했다. 소를 맡아 키운 후 어미 소가 낳은 송아지를 주인과 번갈아 갖는 '멤쉐' 관행도 있었다. 수풀이 무성한 곳에 사철 방목

하는 '곳쇠'도 있다. '곳'은 나무가 우거진 수풀로 오늘날 제주 생태계의 보고라 일컫는 곳자왈을 가리킨다. 세계 자연유산 거문오름의 굼부리도 곳쇠들의 삶터였다. 농작물이나 풀이 자라는 시기에 소가 촐왓이나 밭에 들어오는 것을 관리하는 사람을 '케지기'라 했다. 촐왓이 없는 가난한 사람들에게 귀한 일자리였으며, 임금은 소를 먹일 풀로 지급했다. 소의 배설물은 밭을 기름지게 하고, 구들장을 데우는 연료도 되었다.

제주에는 소가 역병에 걸리지 않도록 쌓은 방사탑, 잃어버린 소를 찾아주는 영험함을 지닌 쇠하르방과 쇠할망을 모시는 당, 해안과 한라산 사이에 돌담을 쌓아 소를 관리하던 '잣성'도 있었다. 이 밖에도 우마의 번성을 빌었던 백중제와 테우리고사, 정월 보름 오름에 불을 놓는 방애불놓기 등 독특한 목축 문화가 전해왔다. 방애불놓기는 제주를 대표하는 새별오름 들불 축제의 기원이기도 하다.

제주에서 소를 키우는 것은 밭농사를 위한 것이었다. 이러한 순환체계가 무너진 것은 1960년대 말이다. 경운기가 들어오고 화학비료로 농사를 지으면서 밭을 갈 소도, 바령쉐(위탁 소로, 그 소들의 똥오줌을 받아 지력을 회복하려고 밭에 담아놓았다.)나 돗걸름(돼지 우리에서 파낸 거름)

도 필요없어졌다. 소를 먹일 풀도, 지붕을 이을 풀도 역시 사라져갔다. 1990년대에는 농우가 사라지고 비육우와 외국에서 수입한 건초가 들어왔다.

그래도 시민들이 만든 낭쉐를 앞세우고 쟁기질을 하는 낭쉐놀이 전통이 복원되어 얼마나 다행인가. 이번 입춘 날에도 관덕정 앞에서 그 모습을 볼 수 있을 것이다.

濟州

낭푼밥상 공동체

제주를 지켜온 힘, 나눔의 미학

'낭'은 나무를, '푼'은 '푼주'를 가리킨다. 푼주는 음식을 담거나 무침을 할 때 사용하는 아가리가 넓고 밑이 좁은 그릇이다. 낭푼밥상은 보리밥을 가득 담은 낭푼을 가운데 놓고, 사람 숫자대로 국과 수저만 올려 함께 한 끼를 해결하는 식사를 이른다. 이때 찬으로는 자리젓이나 된장, 그리고 계절에 따라 쉽게 구할 수 있는 것, 텃밭에서 막 뜯어 온 채소가 올라간다. 여름 낭푼밥상에는 가사리된장국에 콥대사니장아찌(풋마늘장아찌)와 부추김치가 차려졌다. 보릿고개를 넘어야 했던 가난한 시절 제주 사람들이 더불어 끼니를 해결하는 방식이었다. 밭에서 검질(잡초)을 매고, 바다에서 물질을 하는 어머니들에게 갖은양념을 더해 반찬을 마련할 여력도 여유도 없었다. 대신 우영팟(작은 텃밭)과 바당(바다밭)에서 막 뜯고 건져 올린 것들이 있었다.

제주 향토음식을 지키고 보전해온 양용진은 《제주식탁》에서 낭푼밥상을 "나눔의 미학"이자 "밥상공동체"라고 정의한다. 여기에 더해 집 안에 있는 '우영팟'에서 뜯은 채소들이나 가까운 바다에서 전통방식으로 잡은 자리와 멜은 지속가능한 생산방식의 전형을 보여준다. 지금 기준으로 보면, 식재료의 생산에서 밥상까지 거리가 제로에 가깝다. 슬로푸드에서 좋은 음식의 기준으로 삼는 '푸드마일리지 제로food mileage zero'의 건강식이다. 낭푼밥상에는 평등과 배려의 심성이 스며 있다. 언제 어디서 누구를 만나도, 가난하든 부자든 수저와 국 한 그릇 내놓고 둘러앉아 먹었던 제주도의 섬밥상이다.

제주는 동네 어른은 모두 '삼촌'이며, 사돈이고 팔촌이고 친인척이다. 이를 '궨당'이라 한다. 서로 도와가며 일하고 기쁨과 슬픔을 나누는 '수눌음'도 여기에서 비롯된 것이리라. 낭푼밥상을 "나눔의 미학"이라 한 이유일 것이다. 이제 집에서 가까운 바다에서 자리나 멜을 얻기 어렵다. 채소를 구하기 위해 시장으로 달려가야 하는 형편이지만, 낭푼밥상의 공동체 정신만은 이어졌으면 한다. 이것이 제주를 지켜온 힘이었으니.

제주 문화 ④

신흥리 방사탑

온 마을이 화를 막으려 쌓았던 탑이
코로나도 물리쳐주기를

濟州

2019년 겨울에 시작된 코로나 19가 확산되면서 국민들은 일상을 멈춘 채 봄을 맞았다. 옛사람들은 재난에 어떻게 대처했을까. 화와 복은 가장 허한 길로 들고 난다고 믿었다. 그 길목으로 드는 질병, 살煞, 호환虎患, 화기火氣 등 화를 막고자 했다. 마을로 들어오는 길목에 돌탑을 쌓아 들어오는 화를 막고 나가는 복을 잡았다.

이런 돌탑은 충청남북도, 전라남북도, 경상남도, 강원도 그리고 제주도에 분포한다. 지역마다 부르는 이름이 달라 전라도에서는 '조탑(조산)', 충청도에서는 '수구막이'라고 하며, 제주도에서는 '방사탑防邪塔' 혹은 '거욱대'라고 불렀다.

이런 돌탑들은 대부분 산간마을에 분포하는데, 제주에서는 바닷가에 많고 조천읍 신흥리에는 아예 바다에 돌탑이 있다. 신흥리는 조천읍과 함덕리 사이에 있는 바닷마을이다. 마을 주변은 온통 돌밭이고 북쪽이 바다로 터져 있다. 조천읍이나 함덕리보다 마을이 늦게 형성되어 '신흥리'라고 불렸다. 마을 앞까지 바닷물이 들어와 '내포'라 하기도 했다.

방사탑 관련하여 전해지는 이야기가 있다. 무술년(1898년) 어느 봄날 마을을 지나던 한 노인이 바다에 탑을 쌓아야 마을이 평안할 것이라는 말을 남기고 사라졌는데 이 말을 들은 마을 주민들이 돌탑을 쌓기로 결정했다는 내용이다. 제주에서는 방사탑을 쌓는 일에 마을 주민 모두가 참여해 정성을 다한다. 심지어 어린아이도 나와서 작은 돌멩이라도 보탠다. 방사탑을 쌓을 때는 먼저 솥과 밥주걱을 묻고 마을의 최고 연장자가 첫 돌을 놓는다. 밥주걱은 재물을 모아 부자가 되기를, 솥은 뜨거운 불을 견뎌내듯 재난을 이겨내기를 기원하는 의미를 담은 것이다. 혹시 풍수를 잘못 건드리면 살을 맞을 수 있어 최고 연장자가 먼저 돌을 놓아 모든 액을 막는 일에 나섰다고 한다. 큰 돌로 단을 만들고 작은 돌을 원뿔 모양으로 쌓은 뒤 그 위에 돌하르방이나 새 모양의 돌을 얹었다. 신흥리에서는 탑을 쌓은 뒤로 마을 주민들의 살림살이도 좋아졌고 액도 사라졌다고 한다.

처음에 5기의 탑을 쌓았는데, 지금까지 남은 것은 '큰개탑'과 '오다리탑' 2기다. 오다리탑은 상부에 세운 돌이 양근을 닮아 '양탑', 큰개탑은 '음탑'이라고도 한다. 제주에는 신흥리의 방사탑을 비롯해 모두 17기가 제주민속문화재로 지정되어 있다.

돍 먹는 날

닭으로 몸과 마음을 보하는
제주식 여름나기

올해(2020년)는 어느 해보다 장마가 길고 그 피해가 크다. 이런 때일수록 몸과 마음을 추스르는 것이 중요하다. 슬로푸드 제주 지부에서는 8월에 소수의 신청자와 함께 '돍 먹는 날' 행사를 가졌다. 제주에서는 음력 6월 20일 닭을 먹고 몸과 마음을 보하는 전통이 있다. 봄에 병아리를 사다가 마당에 키우면, 이 무렵 식용에 적당한 중닭으로 자란다. 제주에는 "6월 더위는 고냉이 코도 멘도롱하다."는 말이 있다. 차가운 고양이 코가 6월이면 따뜻해질 정도로 무덥다는 말이다. 6월에는 줍씨(조)와 메밀을 뿌리고 밟아야 하며, 초벌 김매기까지 마쳐야 한다. 중산간에서는 오름에 올라 꿩을 잡고, 바다에서는 자리를 떠야 하는 때다. 이렇게 바쁜 유월 중 잠깐 쉬는

틈에 닭을 잡는 것이다. 제주식 여름나기다.

행사를 위해 준비한 닭은 재래닭이다. 옛날 집 마당에 놓아기르던 몸집이 작고 몸이 가벼우며 날개가 강하고 힘이 좋은 긴 꼬리를 가진 닭이다. 지방이 적고 근육질에 맛은 좋으나 경제성이 떨어져 시장에서는 거의 판매되지 않는다. 이 닭을 제주의 토종 차조인 '삼다철'과 '녹두'와 함께 끓인다.

'닭 먹는 날' 관련해 전해오는 효자 이야기가 있다. 무더위에 입맛을 잃은 노부모를 위해 아들이 겨울철 산에 올라 정성을 다해 기도한 끝에 백발노인으로부터 새한 쌍을 받았다. 아들은 백발노인이 말한 대로 잘 키워 봄에 알을 부화시켰다. 그리고 새벽에 우는 새는 어머니께, 울지 않는 새는 아버지께 드렸더니 다음 해 여름 내내 건강하셨다. 그 새가 닭이고, 오늘날 닭 먹는 날로 이어졌다는 것이다.

또한, 제주에는 '닭제골'이라는 향토음식이 있다. 닭 속에 참기름을 바르고 마늘을 채워 준비해놓는다. 무쇠솥에 뚝배기를 놓고 그 위에 꼬챙이를 몇 개 놓은 뒤 준비한 닭을 올려 중탕을 하는 것이다. 그렇게 해서 뚝배기에 내린 진액을 마셨다.

제주에서 닭은 돼지만큼이나 소중했다. 신랑이 신부

濟州

를 데려가기 위해서 예물로 돼지나 닭을 가져갔다. 제주의 본향당이나 말과 소를 지키는 테우리고사에 닭을 올렸다. 애지중지 키운 소중한 닭을 먹고, 한라산 폭포에서 물을 맞거나 해안에서 '모살뜸'이라는 검은 모래 찜질을 하며 여름을 났다.

제주도의 재래닭

종달리〈해녀의 부엌〉

해녀마을에 활기를
불어넣어주는 무대

濟州

"밥상을 앞에 두고 이렇게 울려서야 아무리 맛있는 밥인들 먹겠어."라고 중얼거리면서도 공연에 빠져들었다. 무대 위 그녀는 남편을 바다에 주고 더 이상 물에 들어갈 수 없었다. 물질은 벗의 숨비소리에 맞춰 한다 했던가. 선택의 여지가 없었다. '살기 위해' 벗을 따라 나섰다. 그런데 야속한 바다는 그 벗마저 데려갔다. 그래도 '살기 위하여' 물질을 멈출 수 없었다. 종달리 해녀들과 젊은 청년 예술인들이 만나, 생명을 다한 위판장을 무대로 꾸며 올린 〈해녀의 부엌〉 줄거리다.

"요즘 젊은 것들 물질 참 편하게 해."라며 늙은 해녀가 말을 꺼냈다. 열 살에 물질을 시작해 지금도 바다에 들어가는 현역 해녀다. 요즘 젊은 해녀들 "걷는 사람이 하나 없어. 오토바이 타고 물질하러 가지, 남편이 데리러 오지, 따뜻한 물로 목욕하지, 고무옷은 또 얼마나 좋아."라고 한 뒤, 반세기 전의 이야기를 술술 털어놓았다. 그때는 만삭에도 물질을 했고, 배 위에서 아이를 낳기도 했다. 고무옷과 달리 해녀들의 옛날 작업복 '소중이' 하나 걸치고 물속에 들어가면 반 시간을 버티기 힘들었다. 출산 전후라도 물질이 아니면 가족들이 굶어야 할 형편이니 아이를 낳고도 몸을 풀기도 전에 다시 나서야 했다. 제주도를 떠나 중국, 러시아, 일본까지도 원정 물질을 다녔다. 물질이 지겹다고 생각하지 않았고, 피하려고도 하지 않았다. 삶이었고 신앙이었다.

옛날에는 우뭇가사리와 전복이 돈이 되었지만, 요즘 해녀의 삶을 지탱해주는 것은 소라다. 특별메뉴로 소라미역국, 소라회, 소라꼬지, 소라숙회가 올라왔다. 소라는 긴 뿔을 바위틈에 내리고 거친 파도를 이겨내며 제주 바다를 지킨다. 해녀들이 테왁과 망사리를 짊어지고 제주바다를 지키듯이. 제주 소라는 대부분 일본으로 수출되었지만 최근에는 사정이 좋지 않다. 그래서 국내 소비 시장도 찾고 해녀마을에 활기를 불어넣기 위해 〈해녀의 부엌〉을 기획했다. 요즘 권 할머니는 신이 났다. "오늘은 몇 명이 왔을까. 어떤 질문이 나올까."라며 기다린다. 이젠 소라 물질보다 공연장을 찾는 고객 물질이 즐겁다. 사람을 만날 수 있어 좋단다.

△ 새롭게 꾸며진 종달리 〈해녀의 부엌〉

▽ 〈해녀의 부엌〉의 메뉴

섬살이, 섬밥상

갯내음 찾아 떠나는 바다 맛 여행

초판 1쇄 발행 | 2023년 12월 15일

지은이 | 김준

펴낸곳 | 도서출판 따비
펴낸이 | 박성경
편 집 | 신수진, 정우진
디자인 | 박대성

출판등록 | 2009년 5월 4일 제2010-000256호
주소 | 서울시 마포구 월드컵로28길 6(성산동, 3층)
전화 | 02-326-3897
팩스 | 02-6919-1277
메일 | tabibooks@hotmail.com
인쇄·제본 | 영신사

ISBN 979-11-92169-32-3 03980

책값은 뒤표지에 있습니다.